检重秤

方原柏　胡阶明　编著

中国质量标准出版传媒有限公司
中　国　标　准　出　版　社
北　京

图书在版编目（CIP）数据

检重秤/方原柏，胡阶明编著．—北京：中国质量标准出版传媒有限公司，2020.1

ISBN 978-7-5026-4734-6

Ⅰ.①检… Ⅱ.①方… ②胡… Ⅲ.①秤重装置 Ⅳ.①TH715.1

中国版本图书馆CIP数据核字（2019）第169944号

中国质量标准出版传媒有限公司
中　国　标　准　出　版　社　出版发行

北京市朝阳区和平里西街甲2号（100029）

北京市西城区三里河北街16号（100045）

网址：www.spc.net.cn

总编室：(010) 68533533　发行中心：(010) 51780238

读者服务部：(010) 68523946

中国标准出版社秦皇岛印刷厂印刷

各地新华书店经销

*

开本 710×1000　1/16　印张 11.25　字数 196 千字

2020年1月第1版　　2020年1月第1次印刷

*

定价　49.00　元

前　言 PREFACE

检重秤是一种动态称重设备，可根据预包装分立载荷不同重量值与目标重量值的差值，将其细分成多个分选区间和类别，可应用于食品、制药、日化、石化、汽车、水泥、金属制造和加工等许多行业的生产线，能够实时在线对运动中单件物品的重量进行检测，按要求分选产品或分离出不合格的产品。

编写本书的目的在于为各行各业中从事检重秤生产、科研、使用、维护、管理的技术人员、工人提供一份系统而全面介绍检重秤的技术资料。本书除了简要介绍检重秤的结构、主要部件、相关标准及规范外，也关注检重秤实际应用中用户遇到的设计选型、应用环境、系统设置、安装、投运、检验、反馈控制、通信协议等问题。

全书共分十八章。第一章概述了检重秤的概貌和发展历史；第二章至第五章介绍了检重秤的几个重要部件：称重传感器、承载器、间距装置、剔除装置；第六章对检重秤的类型进行了划分；第七章讨论了检重秤的设计选型；第八章到第十章叙述了检重秤的应用基础、应用环境及典型的应用案例；第十一章对检重秤系统设置的主要参数设定值、重量分区进行了探讨；第十二章、第十三章列出了检重秤的国际建议、国家标准及相关的法规、标准；第十四章、第十五章讨论了检重秤安装、投运、检验和反馈控制充料量等用户关心的问题；第十六章至第十八章分别介绍了组合检重秤系统、通信协议、检重秤发展趋势。为帮助读者阅读理解本书内容，附录一列出了与检重秤有关的术语及其解释；附录二提供了部分检重秤生产厂家的信息。

在本书编写过程中得到了各方面的支持，众多从事检重秤研究及应用工作的同行热情地为本书提供资料。本书的出版还得到赛默飞世尔科技

（中国）有限公司、昆明仪器仪表学会的关心和支持。谨此一并致谢。

本书编写时参考了梅特勒-托利多、赛默飞世尔科技、西门子、安立、洛玛（Loma）等公司网站上的资料和国内外有关文献、学术论文及产品技术资料，特此致谢。

书中不妥之处，恳请读者批评指正。

作　者

2019 年 5 月

目 录 CONTENTS

第一章　检重秤概貌和发展历史

第一节　简　介

散装物料连续通过电子皮带秤时可以测量其瞬时流量和累计流量。但有些物品是一件一件的，如盒装饼干、瓶装调味料、易拉罐饮料、盒装口服药片等预先包装好的物品。相对于皮带秤称量的连续散装物料，这些物品被称为离散产品或单件物品。如果离散产品要称重的话，应该怎么做？

现在我们看到、用到的很多商品都有外包装，按规定，所有一次包装产品必须标明净重（或体积）、数量等信息。以往我们也看到很多商品因分量不足被用户投诉的新闻，那么这些商品的生产商该怎么做才能使包装产品的重量达到要求呢？

在很多工厂生产线的末端，常常见到许多工人将要封口的包装箱放在电子台秤上，检测包装箱内是否少装、漏装，称完以后，少装、漏装的包装箱搬到一边，检查合格的包装箱搬到另一个地方。

还有一些产品需要根据称重来分选，如水产品中的鱼、虾、海参、螃蟹，水果中的苹果、柑橘、大枣，禽类产品中区分鸡鸭大小，熟食品原料的鸡腿、鸡翅等，重量不同可能价格相差很多。

现在有一类动态称重设备叫检重秤（checkweigher），又称为重量检验秤、分选秤、重量选别秤、检验秤、分检秤。它是一种高速、高准确度的重量分类自动秤，可根据预包装分立载荷（产品）的不同重量与目标重量值的差值，将其细分成三区、五区或更多分选区间和类别。它应用于食品、制药、日化、石化、化工、汽车、水泥、金属制造和加工等各行各业的生产线，能够实时在线对运动中单件物品的重量进行检测，然后通过剔除装置，按要求进行分选或分离出生产线中不合格的产品。

图 1-1 是人工用台秤对海产品进行称重，然后按重量进行分选。这纯粹是手工作坊式操作，效率低下。

图 1-1　人工用台秤对海产品进行称重分选

为了取代人工分选使用了自动分选检重秤，图 1-2 表示了根据分选要求设置的 6 个重量分区，图 1-3 表示重量不等的鲜虾经过检重秤称重后分选成 6 个鲜虾级别[1]。

12.10.01　14:30	50.5g	
		产品　1
分区1	[　0.0—30.0　]	0
分区2	[　30.0—40.0　]	0
分区3	[　40.0—50.0　]	0
分区4	[　50.0—60.0　]	0
分区5	[　60.0—70.0　]	0
分区6	[　70.0—100.0　]	0

产品库	产品	生产	速度	设置

图 1-2　用于产品分选检重秤的重量分区设置

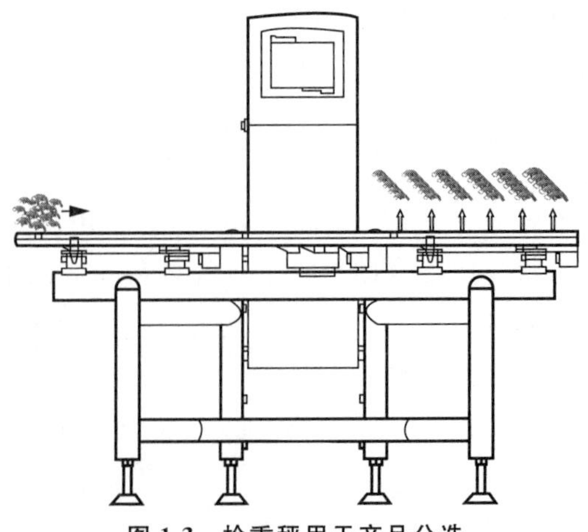

图 1-3　检重秤用于产品分选

图 1-4 表示包装产品经过检重秤后，通过剔除装置，自动分成欠重、超重和合格 3 类产品，是 100％全自动产品重量的检验。

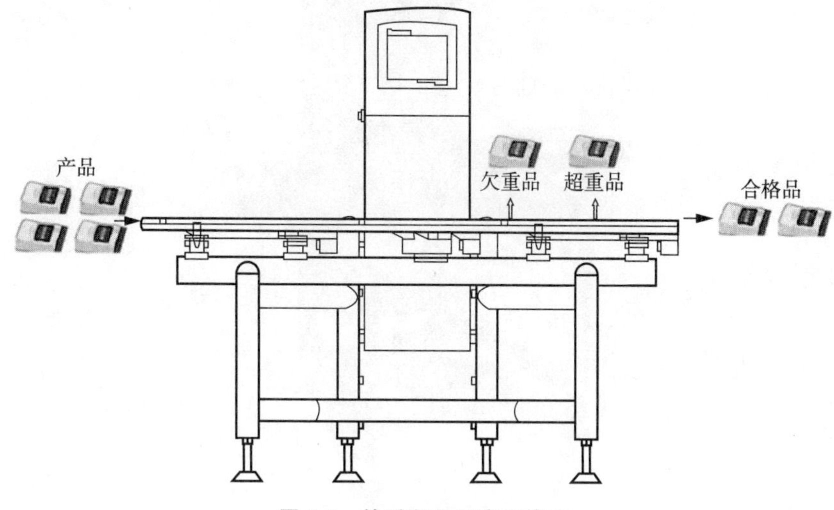

图 1-4　检重秤用于产品检验

通常检重秤是工厂包装车间流水线上的关键控制点。当产品在包装流水线上移动并通过检重秤时，能自动对每件产品进行称量，完成生产过程要求的分选、检验、剔除、报警和数据采集等功能。出于检测准确度的要求，在特殊情况下要将检重过程由动态称重改为静态称重，但在包装流水线上检重秤最主要的特点是完成上述功能时不需要中断产品流动，而且操作员不需要在生产过程中进行干预。

检重秤通常是典型的质量控制体系的一部分，检重秤的关键功能可确保制造商能提供高质量的产品并降低产品生产成本，确保客户满意。

第二节　检重秤的工作原理

根据应用对象、现场条件的不同，检重秤的结构可能有很大的差别。下面以较为常见的检重秤为例介绍检重秤的结构及其工作原理。

图 1-5 显示了由输入段、称量段、称重显示器、含有剔除装置的输出段组成的检重秤系统。

一、输入段

输入段的作用是将产品输送到称量段，由输送机、支架、导向板等组成。

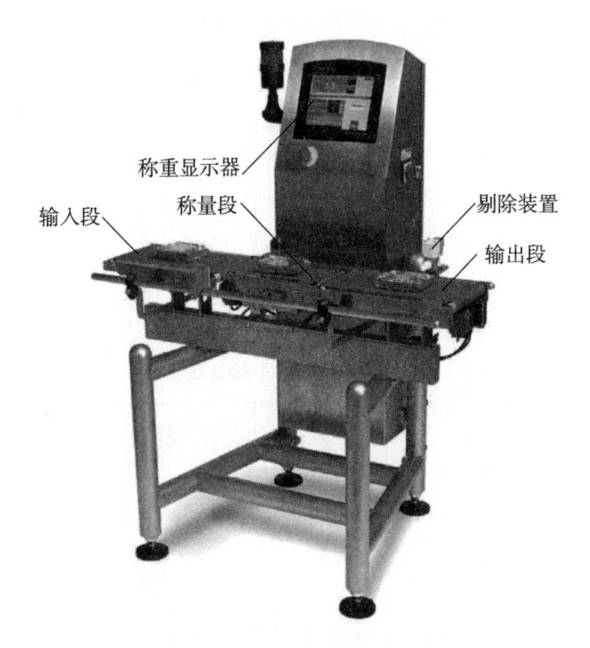

图 1-5 检重秤的结构图

输入段主要用于向称量段输送产品，并对摆放无序的产品进行导向、规整。输入段还可装有间距装置，以保证同一时刻只有一个产品在称量段上称重。对于三段式输送机检重秤，输入段、称量段和输出段的线速度要求一致，这样才能确保产品间距恒定一致，保证产品上秤后的速度平稳、无冲击。

二、称量段

称量段完成产品称重过程。它本身也是一段输送机，通常采用皮带输送机。称量段的称重过程实现类似皮带秤，它是通过承载器将待检产品的重量传递给称重传感器。

称量段主要由输送机（主动辊轴、从动辊轴、输送带、电机）、光电管和称重传感器组成。光电管判断产品是否进入称量段，称重传感器不断检测产品重量的变化。

虽然称量段的输送机结构简单，但要求线速度恒定，运行可靠、平稳，辊轴、轴承无振动，以减小机械振动对称重传感器的影响，保证产品经过称量段时能更加准确、快速地称出其重量。

三、称重显示器

称重显示器通常安装在电控柜的面板上，与必要的电器元件集成于一体。

称重显示器读取称量段上的称重传感器重量信号值，经过各种数字滤波得出通过当前称量段产品的动态称量值。

四、输出段

输出段是将称重后的产品输送出去。根据生产工艺要求，输出段上通常装有剔除装置，当检重秤用于判别产品重量时，如产品欠重或超重，则称重显示器通过输出使报警灯亮、剔除装置动作，将不合格产品从生产线上剔除；当检重秤用于分选时，可通过一个或多个剔除装置将不同重量的产品分开。

第三节　检重秤和静态秤的主要区别

在使用检重秤之前，产品重量的测量通常采用静态秤，由人工将产品放到静态秤的台面上称量，然后根据所测得的重量进行人工分选或剔除操作。静态秤人工称重和检重秤自动称重的主要区别是：

1）静态秤测量产品的静止重量，而绝大多数检重秤测量产品在运动中的动态重量（即使有非常少的检重秤采用了相对静止的称重过程，但相对静止的时间也非常短）。

2）静态秤称重是手动操作，需要人工将产品放到承载器上称重，然后移出产品准备下一个产品称重。而检重秤称重是完全自动的，当产品沿生产线通过时即被称重，无需人工干预或专用的操作员。

3）静态秤对产品的分选或不合格产品的剔除是人工操作，难免会有失误。检重秤的相应操作是由称重显示器控制剔除装置自动进行的，精准度高。

4）静态秤的工作效率非常低，因此对大批量的产品通常是用手动取一定比例的样品（如1%或更低）现场抽检称重，而检重秤自动检查出厂产品的比例为100%。

5）静态秤称重具有更高的准确度和更好的重复性，检重秤的准确度和重复性则稍差。

6）静态秤称重如需记录数据，需要人工手写记录。而检重秤可自动记录数据并分类归纳，实现大数据管理，还可以通过产品重量数据实现充料机充料量的反馈控制。

上述区别中，动态检重秤100%产品检查对保证产品质量非常关键。以一条生产线产量每分钟产品通过量100件为例，如果静态秤手动取样检查每小时抽取30件，取样率仅为：30÷(100×60)=0.5%。这样低的取样率对结果的统计分析意义小，也很难保证其余99.5%商品的质量。

第四节　检重秤与皮带秤的主要区别

大部分检重秤采用了皮带输送机，其称重原理也是在动态物料输送的条件下实现的，这与皮带秤类似。但两者之间还是有很多不同，其主要区别是：

1）检重秤的称量对象是预包装分立载荷的物品，如可直接分离的物品（如一条鱼、一盒药片），也可能是已包装的瓶、袋、箱类物品，而皮带秤的称量对象多数是散装的粉状、颗粒状、块状物料，是连续的载荷；

2）检重秤的承载器称重多数为长度很短的整个称量段皮带输送机上的整体称重，而皮带秤的承载器称重多数为在长距离的皮带输送机上的局部称重；

3）检重秤通常包括称重传感器、光电管和剔除装置，而皮带秤通常包括称重传感器和测速传感器；

4）检重秤的称重目的是得到每件物品的重量（以mg、g、kg为单位显示），而皮带秤的称重目的是得到通过物料的瞬时流量（以kg/h、t/h为单位显示）和累计流量（以kg、t为单位显示）。

第五节　检重秤的发展历史

国外检重秤从开始商业应用至今，已有60多年的历史了。据资料介绍，早在1933年，利用机械设备将"运动中"的产品自动输送到承载器进行称量的产品检重操作方式就已实现。检重秤作为商用衡器首次在世界上成功运行则是在1953年由美国加利福尼亚州的伊卢马特罗尼克（Illumatronic）公司完成的。大约在1960年，第一批检重秤获得了型式批准。20世纪60年代中期，美国Illumatronic公司改名为伊科里（Icore）（其标识见图1-6），后并购阿卡雷克斯（Acurex）公司。1985年，Icore由美国明尼苏达州的拉姆齐（Ramsey，以顶尖皮带秤设备著称的衡器公司）工程公司管理和控制，在美国和日本设立检重秤的生产基地，在世界各地设立办事处和代理商。1994年，赛默飞世尔科技（Thermo Fisher Scientific）公司整合拉姆齐公司、海泰克（Hitech）电子公司、亨廷（Hunting）公司、澳大利亚卡林巴市（RCCI）检重秤公司、意大利特克诺（Tecno Europa）公司和贝斯特（Best）检测公司等各行业最专业的检重秤制造公司。通过赛默飞世尔科技的Thermo Scientific品牌，使得丰富的检重秤遗产和应用经验得以延续。检重秤成为该公司称重类产品中一个重要的品种[2]。

图 1-6 伊科里 Icore 公司的标识

国内最早自行开发的检重秤产品可以追溯到 1998 年机械部北京起重运输机械研究所和北京贝斯特工业称重技术公司联合研制的大秤量 ZJC10/50 型检重秤（按 OIML R51 的规定进行测试）[3]。其后一些国有、民营企业也都推出了各自的检重秤产品。

在本世纪初，国家质量监督检验检疫总局根据国际法制计量组织（OIML）2004 年正式颁布的 R87《预包装商品净含量》的规定，在 2005 年修订发布了第 75 号令《定量包装商品计量监督管理办法》。作为包装商品质量检测线上不可缺少的计量检测设备——检重秤的应用被正式提到了议事日程。在此期间先后有美国赛默飞世尔科技公司、瑞士梅特勒-托利多（Mettler-Toledo）、德国赛多利斯（Sartorius）、德国碧彩（Bizerba）、德国威波特克集团欧西氏 WIPOTEC-OCS 公司、日本安立（Anritsu）、日本石田（Ishida）等公司的原装产品打入了中国市场，并开始了其检重秤产品在国内的推广应用。

目前国内检重秤企业已度过起步阶段进入发展阶段，行业领军企业生产检重秤的历史已超过 10 年，产品品种日渐增多，产品功能日趋完善，产品质量日益提升，在国内检重秤的中低端市场上所占比例较大，部分产品还远销国外。

在北京恒州博智国际信息咨询公司（QY Research Group）发布的《2017 年全球检重秤生产市场专业调查报告》（Global Production Checkweigher Market Professional Survey Report 2017）中，介绍了 19 个检重秤国际顶级制造商，其中包括中国的珠海市大航智能装备有限公司（以下简称“珠海大航公司”）和深圳市杰曼科技股份有限公司（Genral Measure Technology）[4]。

由江苏赛摩集团有限公司负责起草的 GB/T 27739—2011《自动分检衡器》于 2011 年 12 月 30 日发布，2012 年 7 月 1 日实施。而《自动分检衡器》的国家计量检定规程已由山东省计量科学研究院、哈尔滨市计量检定测试院起草，正处于征求意见阶段。GB/T 27739—2011《自动分检衡器》的制定及即将发布的国家计量检定规程《自动分检衡器》，将极大推动中国检重秤产品的发展。

第二章　称重传感器

检重秤采用的称重传感器早期曾使用过带弹簧的差动变压器称重系统，这是一种电感式位移传感器，由于在整个称量范围内温度稳定性和线性度不能达到要求，现在很少采用了。目前用于检重秤最常见的只有两种称重传感器：电阻应变式称重传感器和电磁力恢复式称重传感器。

第一节　电阻应变式称重传感器

电阻应变式称重传感器是在各类电子秤中应用最普遍的一种。1938 年由美国加利福尼亚理工学院教授西蒙斯（E. Simmons）和麻省理工学院教授鲁奇（A. Ruge）分别同时研制出纸基丝绕式电阻应变计，以他们名字的字头和各自二位助手命名为 SR-4 型，由美国威世（BLH）公司专利生产。这为研制应变式负荷传感器奠定了理论和物质基础。1940 年美国威世公司和里维尔（Revere）公司总工程师瑟斯顿（A. Thurston）利用 SR-4 型电阻应变计研制出圆柱结构的应变式负荷传感器，用于工程测力和称重计量，成为应变式负荷传感器的创始者。1942 年在美国电阻应变式负荷传感器已经大量生产，至今已有 70 多年的历史[5]。

前 50 多年，是利用正应力（拉伸、压缩、弯曲应力）的柱、筒、环、梁式结构负荷传感器的一统天下。在此时期内，英国学者杰克逊研制出金属箔式电阻应变计，为负荷传感器提供了较理想的转换元件，并创造了用热固胶粘贴电阻应变计的新工艺。美国 BLH 公司和 Revere 公司经过多年实践创造了负荷传感器电路补偿与调整工艺，提高了应变式负荷传感器的准确度和稳定性，使准确度由 20 世纪 40 年代的百分之几量级提高到 20 世纪 70 年代初的 0.05％量级[5]。

电阻应变式称重传感器是将四个柔性电阻应变片粘贴在荷载承受面上［见图 2-1(a)］，当在承载器上加载时，称重传感器上的电阻应变片随荷载承受面产生应变［见图 2-1(b)］，引起电阻值的变化，通过激励电压使得四个应变片电阻构成的惠斯通电桥（见图 2-2）输出电压（毫伏）信号。

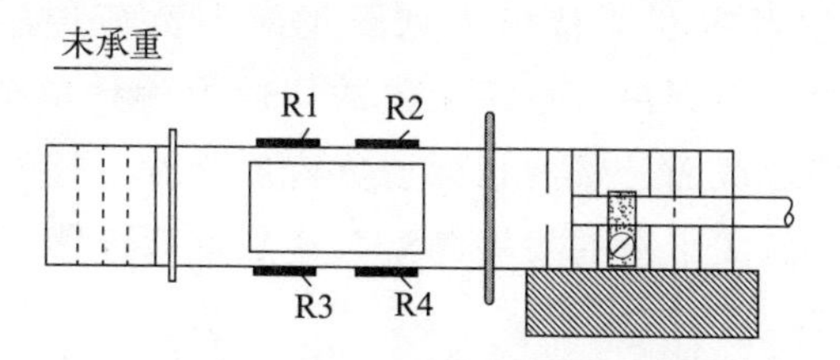

(a) 电阻应变片粘贴在荷载承受面上

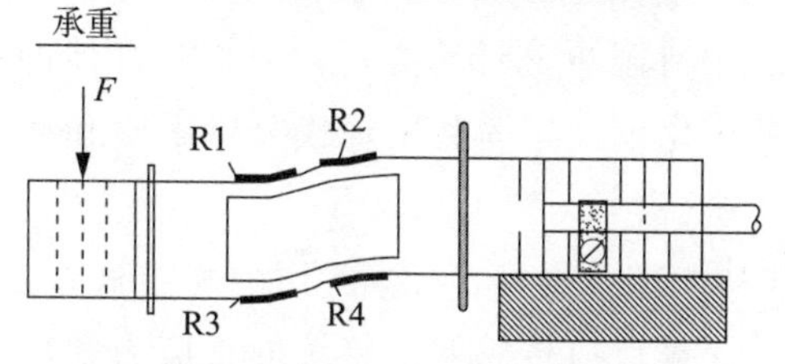

(b) 电阻应变片随荷载承受面产生应变

图 2-1　电阻应变式称重传感器原理图

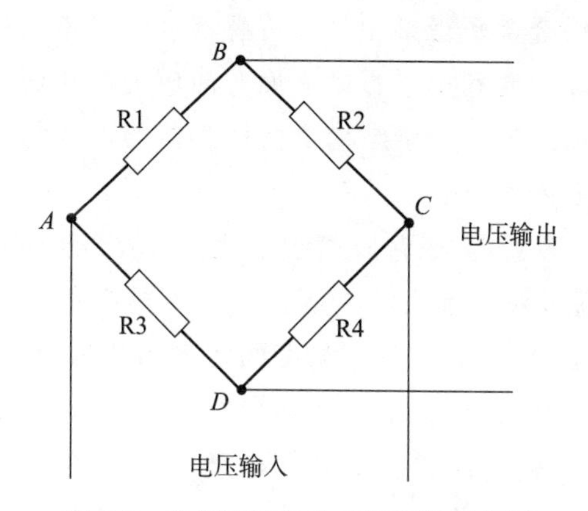

图 2-2　电阻应变片构成的惠斯通电桥

电阻应变式称重传感器在应用过程中出现的问题也很突出，主要是：加力点变化会引起比较大的灵敏度变化；同时进行拉、压循环加载时灵敏度误差大；抗偏心和侧向载荷能力差；不能进行小载荷测量。这些缺点严重制约了负荷传感器的发展。电阻应变式称重传感器经历了 20 世纪 70 年代的切应力负荷传感器和铝合金小量程负荷传感器两大技术突破。20 世纪 80 年代称重传感器与测力传感器彻底分离，制定了 R60 国际建议和研发出数字式智能称重传感器。这是两项重大变革。20 世纪 90 年代在结构设计和制造工艺中不断纳入高新技术迎接新挑战，加速了电阻应变式称重传感器技术的发展[5]。

1973年美国学者霍利斯特姆为克服正应力负荷传感器的固有缺点，提出不利用正应力，而利用与弯矩无关的切应力设计负荷传感器的理论，并设计出圆截工字形截面悬臂剪切梁型负荷传感器。打破了正应力负荷传感器的一统天下，形成了新的发展潮流。这是负荷传感器结构设计的重大突破[6]。

1974年前后美国学者斯坦因和德国学者埃多姆分别提出建立弹性体较为复杂的力学模型，利用有限单元计算方法，分析弹性体的强度、刚度、应力场和位移场，求得最佳化设计，为利用现代分析手段和计算方法设计与计算负荷传感器开辟了新途径[6]。

20世纪70年代初中期，美国、日本等国的衡器制造公司开始研发商业用电子计价秤，急需小量程负荷传感器。传统的正应力和新研制的切应力负荷传感器都不能实现几千克至几十千克称量范围内的测量。美国学者查特斯提出用低弹性模量的铝合金作弹性体，采用多梁结构解决灵敏度和刚度这对矛盾。设计出小量程铝合金平行梁型负荷传感器，同时指出平行梁负荷传感器是基于不变弯矩原理，使利用平行梁表面弯曲应力的正应力结构，具有切应力负荷传感器的特点，为平行梁结构负荷传感器的设计与计算奠定了理论基础，形成了又一个发展潮流[6]。

应变式称重传感器需要克服蠕变问题。1978年苏联学者科洛考娃（Н. Л. Клокова）通过对一维力学模型和应变传递系数的分析，提出控制电阻应变计敏感栅的栅头宽度与栅丝宽度的比例可以制造出不同蠕变值电阻应变计的理论，并成功地研制出系列蠕变补偿电阻应变计。这对低容量铝合金负荷传感器减小蠕变误差、提高准确度起到至关重要的作用，使电子计价秤用铝合金负荷传感器多品种、大批量生产成为可能，从而彻底克服了蠕变问题[5]。

20世纪90年代应变式传感器进入数字化时代。第一阶段是将模拟式传感器与数字变送（放大与A/D电路）结合。第二阶段为数字式智能化传感器。该类传感器的数字变送部分包括放大、滤波、A/D转换器、微处理器、温度传感器，通过数字补偿电路和数字补偿工艺，可进行线性、滞后、蠕变等补偿；内装温度传感器，通过补偿软件可进行实时温度补偿；地址可调，便于应用与互换；可实现远程诊断与校正。第三阶段为数字智能化称重传感器，高速测量时间提高至10ms。以德国HBM公司第一代 C16i 数字化称重传感器为代表，改善了传感器的功能，数字变送电路的采样速率可达到 100 次/s，分辨力可达到 100 万内码。这些指标都达到高速、高准确度水平[7]。

尺寸小的检重秤承载器通常只需要 1 只称重传感器，可以使用单点、拉力、弯曲梁、剪切梁式称重传感器。较大尺寸（如大于 1000mm×600mm）检重秤的承载器通常需要 2 只或 4 只称重传感器，可以使用剪切梁、弯曲梁、拉力、压式或扭环式称重传感器。图 2-3 是检重秤常用的电阻应变式称重传感器。

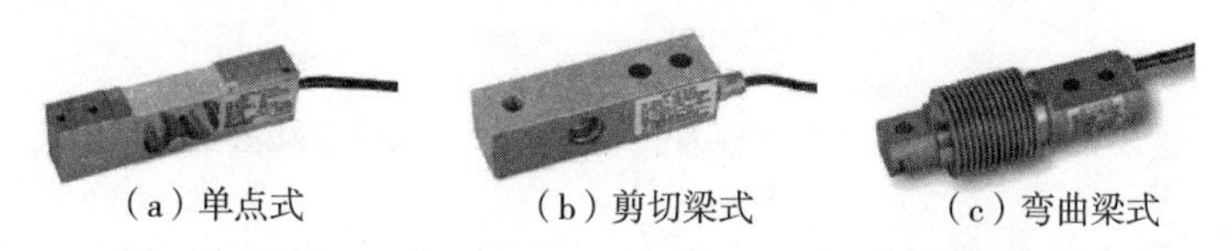

（a）单点式　（b）剪切梁式　（c）弯曲梁式

图 2-3　检重秤常用的电阻应变式称重传感器

第二节　电磁力恢复式称重传感器

（Electro-Magnetic Force Restoration，EMFR）电磁力恢复式称重传感器又称电磁力称重式传感器、电磁力平衡式称重传感器、电磁力补偿式称重传感器。早在 20 世纪 60 年代，英国一家公司就在电子天平上采用了电磁力恢复式称重传感器。到了 20 世纪 70 年代，一家德国公司就将电磁力恢复式称重传感器应用到检重秤上。当数字技术大规模应用后，电磁力恢复式称重传感器在检重秤上得到推广和广泛应用[8]。

电磁力恢复式称重传感器工作原理见图 2-4。将与承载器刚性连接的磁性线圈放入恒定直流磁场中，两端接通由电池供电的电流。当未施加荷载时，依靠电流控制器控制电流大小，使磁性线圈在永久磁铁磁场中产生的电磁感应力与承载器的垂直重力平衡，位置传感器的检测杆处于中心位置，此时为零位，系统达到平衡状态；当施加荷载 a 后，与检重秤承载器相连的检测线圈产生向下的位移，位置传感器的检测杆处于中心下方的位置，磁场平衡状态被破坏；通过位置传感器的检测信号调节电流控制器的电流，增加的电流在磁场中产生一个向上力 b，以补偿荷载 a 产生的向下力，使磁场恢复平衡状态，位置传感器的检测杆又回到中心位置。此时电流控制器的电流与施加荷载的力成正比，因而可由此确定荷载的大小[9]。

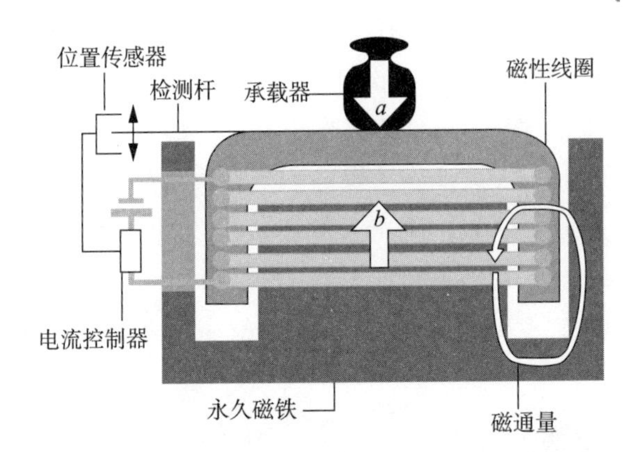

图 2-4 电磁力恢复式称重传感器工作原理图

图 2-5 是德国专业生产电磁力恢复式称重传感器 WIPOTEC-OCS 公司的产品原理示意图[10]。

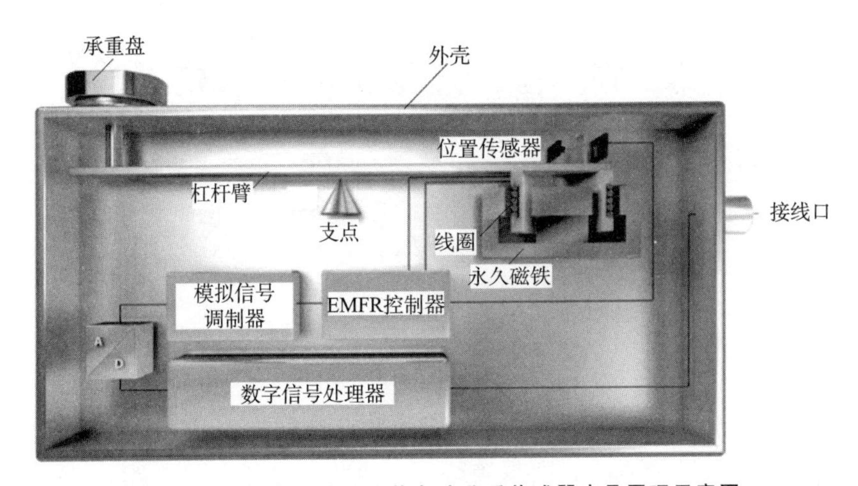

图 2-5 欧西氏公司电磁力恢复式称重传感器产品原理示意图

电磁力恢复式称重传感器是一种高准确度传感器，准确度可达 0.001%，考虑到承载器上输送机的影响，一般承载器的整体静态称重准确度为量程的 0.01%。分辨力可达到二千万分之一[10]，称量范围为 0.5g～150kg，最小分度值可低至 1μg[11]。由于测量分辨力高、灵敏可靠，在精密质量称量、化学反应监测、加速度测量、水分检测等领域被广泛应用。电磁力恢复式称重传感器是一项相对成熟的专利技术，采用高强度铝合金材料和高准确度电火花切割加工技术等，将传统的电磁力恢复式称重传感器中的杠杆、上下导杆、底座以及簧片等多个零部件融为一体。由于内部无连接螺丝，机械传输性能高效，可靠性增强，使用寿命延长。最新型的电磁力恢复式称重传感器是智能传感器，可提供控制和补偿等多种功能，使其测量速度更快、更准确。目前瑞士梅特勒-托利多集团旗下的加文斯自动化股份有限公司（Garvens Automation GmbH）公司、德国茵泰科（原赛多利斯）公司、WIPOTEC-OCS公司、安立公司、国际自动化（INTERNATIONAL AUTOMATION）公司都将电磁力恢复式称重传感器作为检重秤的称重传感器选项。

一般来说，电磁力恢复式称重传感器用于小量程称重优势更为明显，而WIPOTEC-欧西氏OCS公司EC-SL和HC-SL系列的检重秤是为大量程产品设计的，仍然采用了电磁力恢复式称重传感器，最大量程为60kg、150kg，输送皮带宽度为400mm～1600mm，长度为600mm～2600mm，可以在高皮带速度2.9m/s条件下，准确度达到5g（60kg量程）或20g（150kg量程）[12]。

有的厂家为电磁力恢复式称重传感器配备了高性能数字信号处理器，使之有“学习”检重秤独特噪声模式的能力。当检重秤运行时，将得到独特的噪声图谱（见图2-6）。电磁力恢复称重传感器会自动确定基于检重秤称重时处理信息的最佳滤波算法，生产过程如果发生大的变化（比如为提高生产线

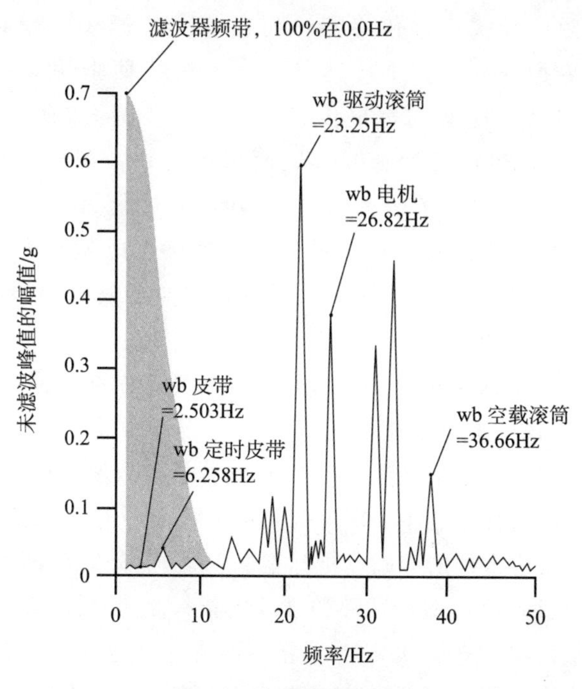

图 2-6 检重秤噪声图谱

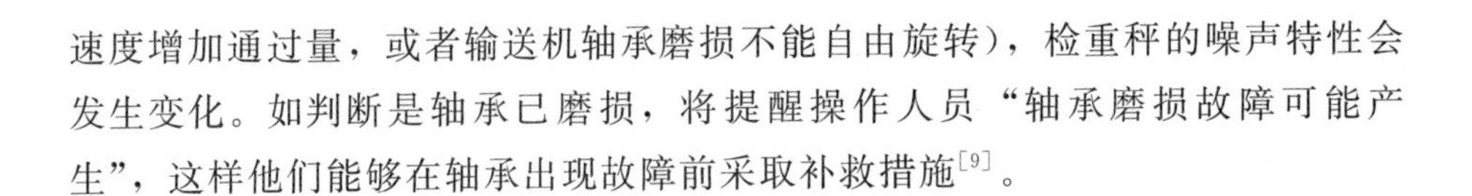

速度增加通过量，或者输送机轴承磨损不能自由旋转），检重秤的噪声特性会发生变化。如判断是轴承已磨损，将提醒操作人员“轴承磨损故障可能产生”，这样他们能够在轴承出现故障前采取补救措施[9]。

第三节　两种类型称重传感器的比较

电磁力恢复式称重传感器尺寸较大，它集成在检重秤中使用时需要更复杂的机械结构，使检重秤的价格远远高于电阻应变式称重传感器。基于价格因素，在为检重秤选择称重传感器类型时，需要综合考虑检重秤实际应用场合所要求的技术参数，如：准确度、称量范围等指标，以选择性价比最优的称重传感器类型。

作为参考，我们可以先看看那些可为检重秤同时提供电磁力恢复式称重传感器、电阻应变式称重传感器的厂家是怎样做的。安立公司在高准确度检重秤产品中采用电磁力恢复式称重传感器，而在通用型检重秤产品和大量程检重秤中采用应变式称重传感器，在防水型检重秤产品中两种称重传感器均采用[13]。茵泰科公司在中大量程（35kg、60kg、120kg）检重秤产品中采用电阻应变式称重传感器，而在中小量程（60kg以下）检重秤产品中采用电磁力恢复式称重传感器[4][15]。梅特勒-托利多公司的C31精准型检重秤采用电阻应变式称重传感器，称量范围为20g～6000g，通过量为≤200件/分，准确度为±0.5g，而采用电磁力恢复式称重传感器的C35卓越型检重秤，称量范围为3g～600g，通过量为≤200件/分，准确度为±0.1g[16]。由此可见，对小量程、高准确度的检重秤，可选用电磁力恢复式称重传感器；反之，对中大量程、中高准确度的检重秤，可选用电阻应变式称重传感器。

安立公司SSV-h KWS6203B采用电磁力恢复式称重传感器的高准确度型检重秤在600g量程的准确度指标是0.015g，而SSV-f KWS5201B采用电阻应变式称重传感器的通用型检重秤在600g量程的准确度指标是0.2g，差距很大；但在3000g的量程对比中，SSV-h KWS6411B采用电磁力恢复式称重传感器的高准确度型检重秤的准确度指标是0.1g，而SSV-f KWS5411B采用电阻应变式称重传感器通用型检重秤的准确度指标是0.2g，差距就很小了[17]。石田公司的检重秤在30g～3000g称量范围内有三个型号的产品，但由于采用的称重传感器不同，在通过量、分度值、准确度等方面有较大的差异（见表2-1）[18]。

表 2-1　采用不同称重传感器的三个型号产品性能差异

型号	采用的传感器	称量范围	通过量	最小分度值	准确度
DACS-H-030	电阻应变式	30g～3000g	175 件/分	0.5g	2.0g
DACS-W-030	电阻应变式	30g～3000g	210 件/分	0.5g	1.0g～2.0g
DACS-Z-030	电磁力恢复式	30g～3000g	300 件/分	0.1g	0.3g

但在不同厂家的检重秤产品中，我们也能发现采用两种类型的称重传感器的技术指标接近或大体相当，并不像这两种类型称重传感器价格的差异那样悬殊。例如赛默飞世尔科技公司采用电阻应变式称重传感器的 Versa GP200 检重秤，量程为 2500g，准确度为 0.2g，与安立公司采用电磁力恢复式称重传感器的 SSV-h KWS6411B 检重秤的 3000g 量程，其准确度指标是 0.1g，相差并不大。而茵泰科公司采用电磁力恢复式称重传感器的 Synus WS2kg 的 2000g 量程，其最小分度为 0.2g，对应的准确度应该在 0.5g 左右，赛默飞世尔科技公司 Versa GP200 检重秤的准确度还比它高。

HBM 公司在介绍该公司的数字化称重技术时说："检重秤制造商大多采用电磁力恢复式称重传感器，和电阻应变技术相比具有更高的精度，但它价格昂贵，且比较脆弱。HBM 推出的最新一代数字化电阻应变式称重传感器 FIT7A，在速度和精度上已经可以满足检重秤的测量要求，并且操作更方便，而价格仅有电磁力恢复式称重传感器的 60%。FIT7A 称重传感器专门针对检重秤的需求进行了优化，并且具有非常高的自然频率响应，这意味着能快速稳定。它采用 24-bit 模数转换和载频技术，具有非常高的分辨力和抗干扰能力，并带有 PLC 通信接口。标准版本的 10kg 量程的传感器在通过量为 100 件/分～400 件/分时，分辨力高达 0.1g"[19]。

随着用户对称重准确度和使用环境的要求越来越高，高档次电阻应变式称重传感器的生产条件和组装的净化车间要求随之提高，产品的性能指标也大大提升。同时，采用电阻应变式称重传感器的检重秤厂家也在承载器、称重显示器方面采用先进技术，如称量段松带技术、现场总线信号传送技术等，提高动态称重准确度、加快称重信号的快速转换的性能，以使产品可以达到与采用电磁力恢复式称重传感器检重秤同等的性能。

由于电阻应变式称重传感器尺寸较小、机械结构简单、坚固耐用、测量范围宽，价格又远低于电磁力恢复式称重传感器，更适用于防爆区域，所以采用电阻应变式称重传感器生产检重秤的厂家更多。

第三章　承载器

第一节　承载器的结构类型

承载器是检重秤最重要的部件，检重秤对承载器有很多苛刻的要求，如动态、高准确度、高速。早期的承载器曾采用过杠杆系统，但由于杠杆系统位移量大、称重速度慢，很快就被弃用了。现在承载器采用的结构形式大体有以下几种类型：输送机整体式、局部承重式、静态式、滑道式、多通道式、多承载器组合式和圆盘式。

一、输送机整体式

这是最常见的一种检重秤承载器类型，即对输送机的整体进行称重。这种承载器由输送机的主动滚筒、从动滚筒、输送带、电机等部件组成。图 3-1 所示是输送机的整体通过 4 只称重传感器支承，图 3-2 所示是承载器通过称重传感器安装在牢固底座上的详图。当输送机不是采用皮带式而是辊筒式时，也可以很方便地采用这种类型的承载器。这种称重方式的特点是皮重较大，但检重秤的尺寸通常较为小巧。除此之外，宽度尺寸小的检重秤也可采用 2 只称重传感器支承的方式，宽度尺寸和长度尺寸都很小的检重秤可采用单只称重传感器支承的方式[20]。

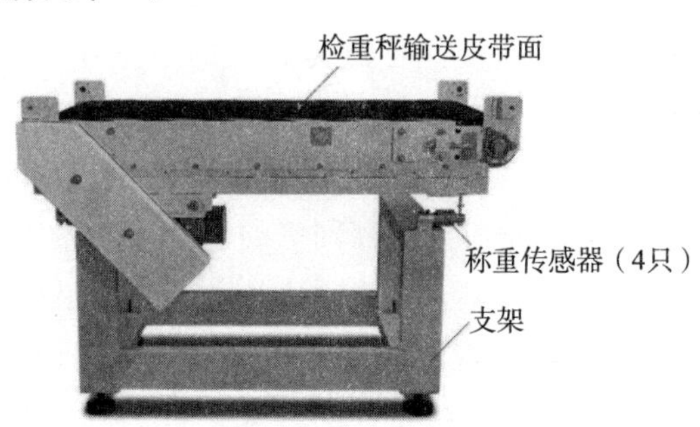

图 3-1　4 点支承的输送机整体式承载器

图 3-2　称重传感器的安装

1—底座；2—固定螺栓；3—波纹管式称重传感器；4—传力螺栓；5—承重板

生产电磁力恢复式称重传感器的 WIPOTEC 集团还提供与电磁力恢复式称重传感器配套的称重组件，即各种尺寸的皮带输送机或链式输送机。其结构均为单只称重传感器支承方式的输送机整体式承载器（见图 3-3）[10]。

图 3-3　WIPOTEC 集团提供的各类输送机整体式承载器

在恶劣环境条件下，还可采用链条传送代替皮带传送，构成链条式检重秤（见图 3-4）[21]。其结构简单、坚固、维护量小，但受链条噪声影响，一般结构的承载器只能达到中等准确度。赛默飞世尔科技公司采用松带技术，使得称量台上没有电机、轴承和辊轴，在 700 件/分时，能达到 0.5g 的动态测量准确度。链条的材质可以选尼龙（Nylon）、石墨填充酰胺纤维（Nylatron）、不锈钢。尼龙链用于轻产品，不锈钢链用于重产品，高准确度场合则需用微间距不锈钢链条。

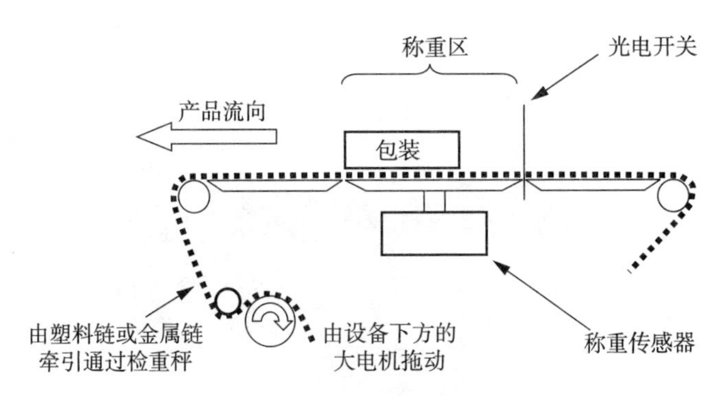

图 3-4　链条传送检重秤

绝大多数检重秤的输送机是采用 0°角水平输送的。但在特殊情况下，如果需要在检重的同时提升产品的高度，也可以采用检重承载器面倾斜的输送机（见图 3-5），称量结果也是准确的。但倾角一般不应超过 10°[22]或 12°[23]。不推荐检重承载器面倾角有变化，这将造成产品在输送过程中产生晃动。

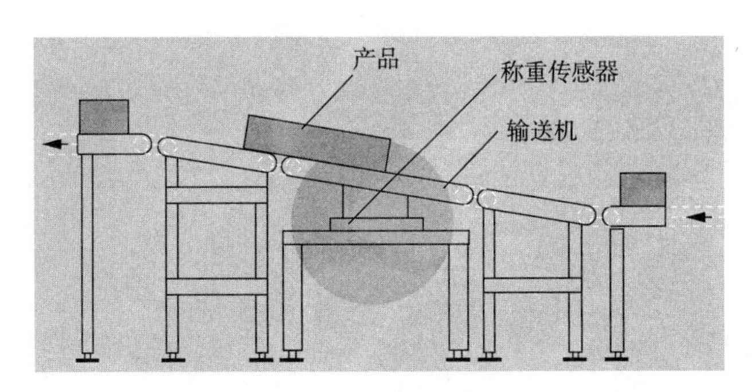

图 3-5　检重承载器面倾斜的输送机

二、局部承重式

有少数的检重秤采用了局部承重式承载器的结构，如将整个检重秤的上承重面分成三段，中间一段承重面的重量是直接加在称重传感器上；而前后两段分别是进料静板和出料静板，均不参与称重[24]（见图 3-6）。局部承重式承载器的结构类似于电子皮带秤的托盘式承载器，与皮带直接接触的是一整块钢板，这块钢板支承在称重传感器上，当产品通过检重秤时，一旦产品整体进入到这块钢板上方的皮带时，即可进行称重。

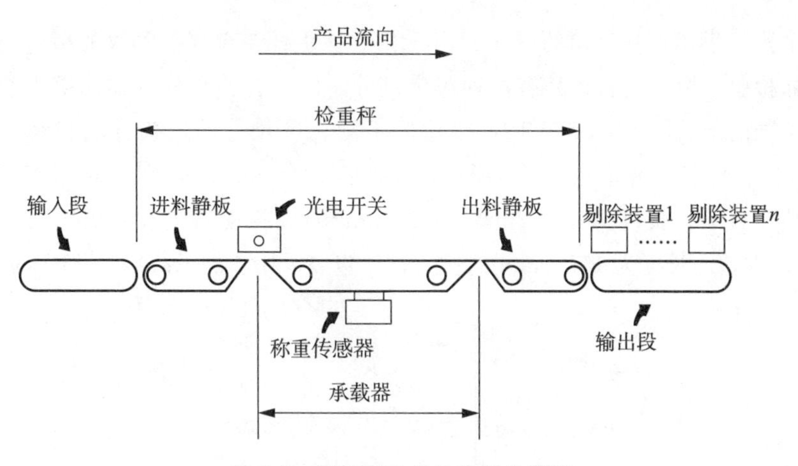

图 3-6 局部承重式承载器示意图

输送机上的皮带张紧程度一般为紧带，即与产品接触的一面为带张紧力的平直输送带，适用于较重的包装（如产品重量大于 600g）和中低通过量（如小于 300 件/分）；对于较轻的包装（如产品重量小于 600g）和高通过量（如大于 300 件/分），可采用松带技术，即与产品接触的输送带较为松弛，这样检重秤的承载器上不承受电动机的重量，自重减轻，振动减少，称重准确度也提高了。赛默飞世尔科技公司在局部承重式承载器的结构上采用了独特的松带技术（见图 3-7），使承载器上没有电机、辊轴和轴承。这种方式的优点，首先彻底消除电机振动，其次实现了承载器自重轻巧，甚至可以忽略承载器本身重量，只考虑最大产品重量，相对而言承载器的有效称量准确度提高到 0.01%。换言之，这就可以达到与电磁补偿式称重传感器一样的称量准确度，实现了高速、高准确度。AC9Rx 检重秤在 550 件/分时，根据包装袋的大小不同，最佳动态精度可达到 10mg[25]。

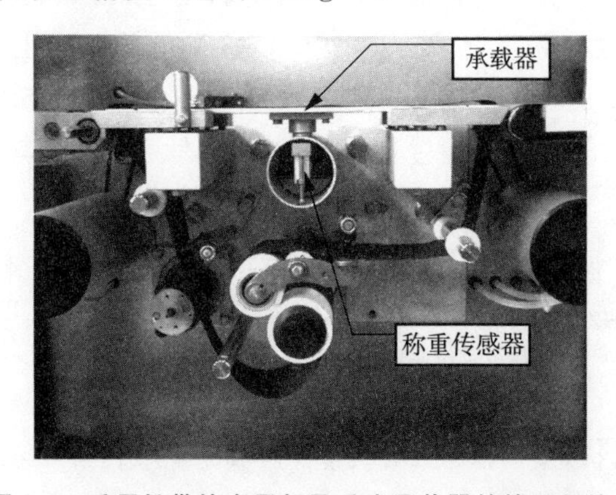

图 3-7 采用松带技术局部承重式承载器的检重秤结构

赛默飞世尔科技公司的 Versa/FR8120C 检重秤与金属探测仪的组合用于快餐食品检验。由于快餐食品有多种包装尺寸，因而在检重秤的输送机上有 2 台长短不同的承载器 WT1、WT2，以适应不同长度尺寸的快餐食品包装（见图 3-8）。快餐食品的包装有 3 种，长度分别是 107.2mm、147.1mm、187.2mm。在系统设置时，长度为 107.2mm、147.1mm 的快餐食品包装采用短的承载器 WT2 称重，而长度为 187.2mm 的快餐食品包装采用长的承载器 WT1 称重[26]。

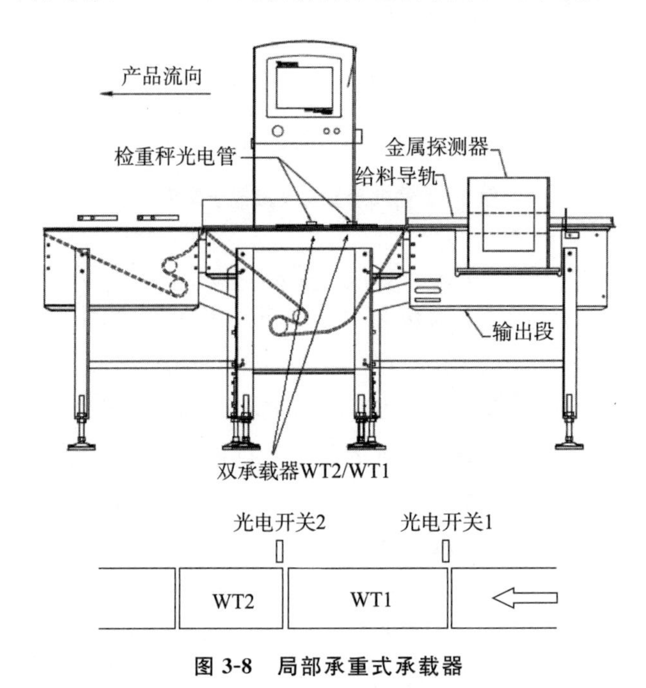

图 3-8　局部承重式承载器

局部承重式承载器的优点是承载器长度短、除承载器上只能有一个产品外，检重秤承载面前后的进料静板、出料静板上还可以有另外的产品（如图 3-9 所示）；而在输送机整体式承载器中，检重承载器面上只能有一个产品(如图 3-10 所示)[27]。如果检重秤的皮带速度相同，那么局部承重式承载器的检重秤将能做到具有更高的通过量。

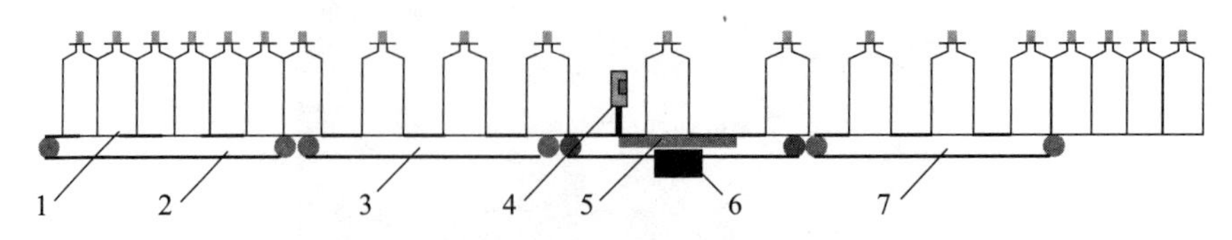

图 3-9　输送机局部承重式承载器

1—产品积聚成一排；2—输入段；3—间距输送机；4—光电开关；
5—检重秤局部承重式承载器；6—称重传感器；7—输出段

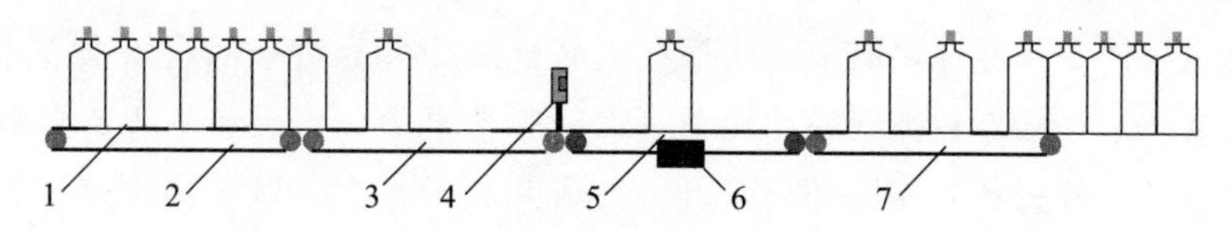

图 3-10　输送机整体式承载器

1—产品积聚成一排；2—输入段；3—间距输送机；4—光电开关；
5—检重秤；6—称重传感器；7—输出段

三、静态式

静态式承载器检重秤又称间歇动态检重秤（Intermittent Motion Checkweigher)。这种类型的检重秤是使每个产品完全停稳在承载器上才称重，产品称重后移出承载器，因此检重秤是测量静态重量而不是动态重量。

静态式承载器通常用于一些高速、高准确度要求的特殊场合。比如安立公司的KW9001AP多通道直立式胶囊检重秤，2010年产品样本介绍：称重量程：20mg～1000mg，12通道，通过量每个通道为160件/分，分度值为0.5mg，最高准确度为2mg[28]；而2016年产品样本介绍：称重量程为2mg～2000mg，10、20、30个通道，通过量每个通道为125件/分，分度值为0.1mg，最高准确度为0.5mg[29]。在通过量大体不变的条件下，称重称量范围扩大了，准确度反而大幅提高。

现在我们可以根据图3-11来分析阿菲尔（All Fill）公司CPT多通道直立式

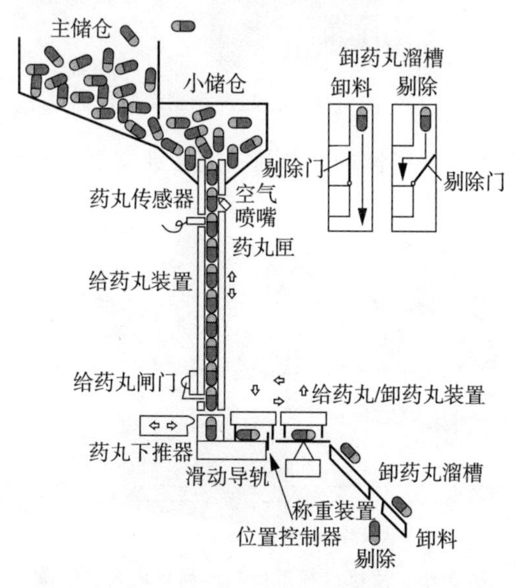

图 3-11　直立式药丸检重秤工作原理示意图

药丸检重秤的工作原理。图中，储存在主储仓的药丸经过小储仓依次进入直管形的药丸匣，在给药丸闸门的动作下每次一颗药丸下到滑动导轨上，然后由药丸下推器的推杆将药丸推倒平放，再由给药丸装置每次一颗推到称重装置的测量头上。药丸短暂停在测量头上检重，测量结束后，由卸药丸装置将药丸卸到卸药丸溜槽。根据检重称重值，将合格药丸作为合格品移出，不合格药丸在剔除门的作用下进入堆存箱存放。从图中可以看出：由于药丸下推器的往复运动和位置控制器的配合，在称重装置的承载器上每次仅有一颗药丸在称重，且药丸在承载器上有一个非常短暂的停留时间，因此这种称重方式是静态称重。这种形式的检重秤有 8、12、16 通道三种选择，称量范围为 20mg～2000mg，分度值为 2mg，每个通道药丸通过量为 125 颗/分，每小时为 7500 颗[30]。

针对不同形状的产品有不同的静态式计量方式，如图 3-12，用机械手抬起产品放到承载器上，称重后由机械手放在不同输送机上以分选产品[31]。

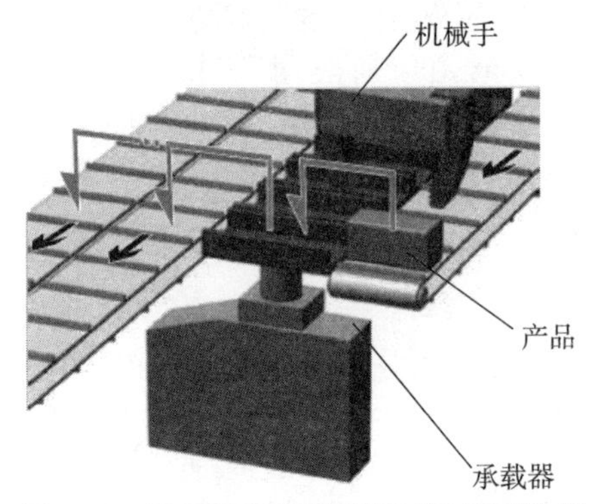

图 3-12　用机械手抬起产品到承载器称重

图 3-13 是用机械棘爪将长条形产品推到承载器上进行称重[31]。

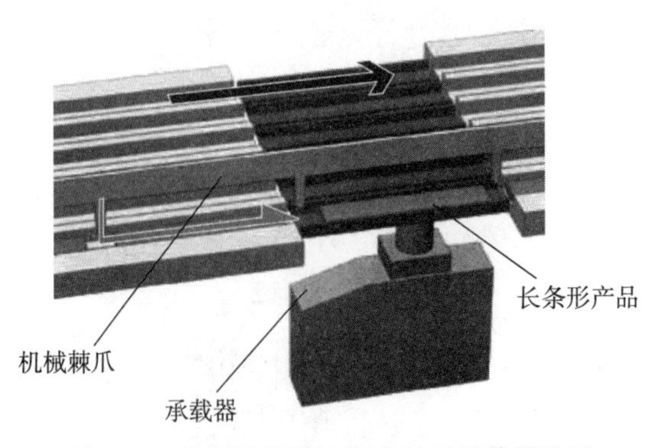

图 3-13　用机械棘爪抬起产品到承载器称重

图 3-14 是当盒装产品输送到承载器上方时，承载器升起对盒装产品进行称重。

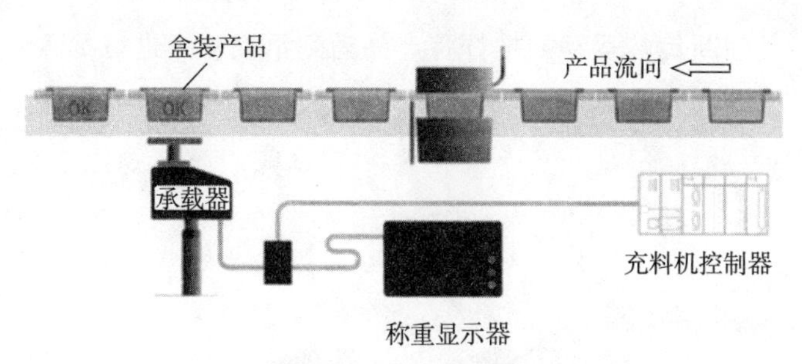

（a）输送过程中的盒装产品移动到承载器的上方

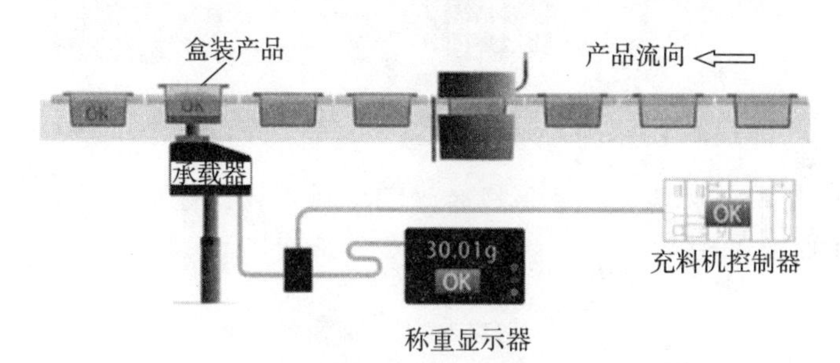

（b）承载器升起对盒装产品进行称重

图 3-14 承载器对产品进行称重

安立公司 KWS9006A 多通道检重秤最多可有 12 个通道，称量范围为 0.1g～50g，准确度为 2mg，通过量每个通道为 100 件/分。图 3-14（a）所示为盒装产品步进式向左输送时，当某一列盒装产品刚进到检重位置时，由于未与承载器接触，称重指示器暂无法显示盒装产品重量；但随后承载器即自动抬升，将盒装产品顶起，盒装产品的重量即可在称重指示器上显示［见图 3-14（b）］。与此同时，盒装产品的重量值还直接送到包装机控制器，与控制目标值比较，根据比较结果确定是否对充料机充料头的充料量进行修正[31]。

图 3-15 是由带凹槽的间断旋转的星形轮，将产品送到承载器上进行称重[31]。

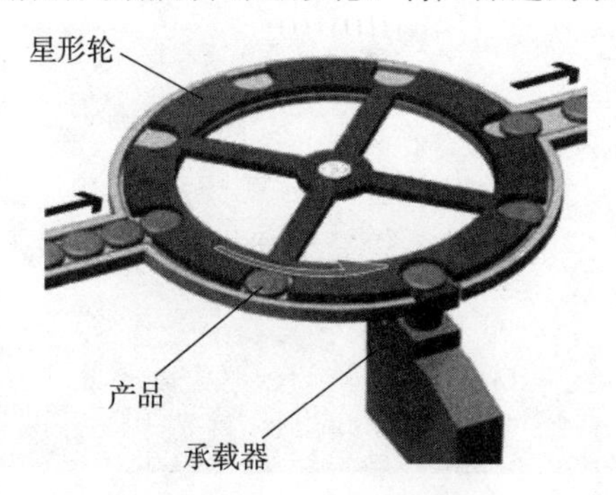

图 3-15 间断旋转的星形轮输送产品到承载器上进行称重

图 3-16 是间断旋转运动的推杆将产品送到承载器上进行称重[31]。

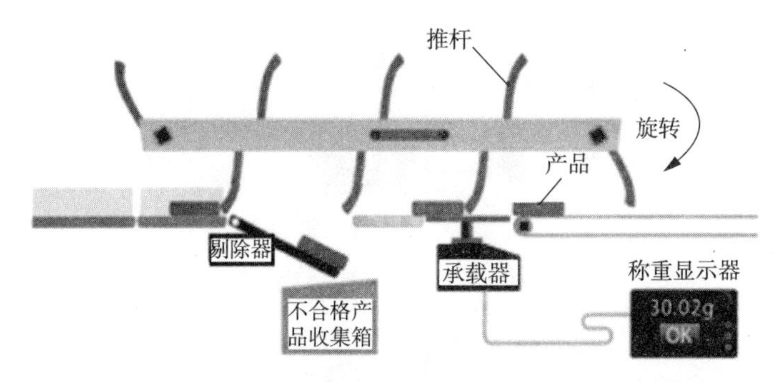

图 3-16 用间断旋转的推杆推动产品到承载器称重

图 3-17 是用可移动吸盘吸起和释放产品到承载器称重，随后完成剔除和送到后续工序的工作[31]。

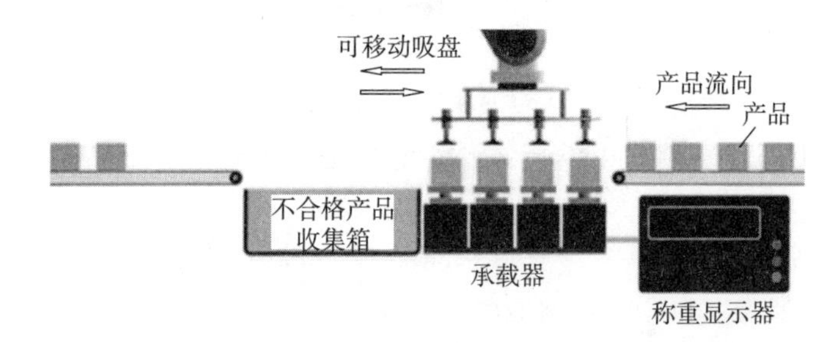

图 3-17 用可移动吸盘吸起和释放产品到承载器称重

深圳奕度自动化设备公司电脑整箱检重秤 YDS522 用于联想公司电脑装箱后整箱检重，当电脑包装箱输送到检重秤承载器上指定位置时，生产线全部停止不动作（见图 3-18），直到电脑包装箱静止 1s～2s 完成静态称重后，生产线才恢复运行[32]。

图 3-18 当电脑包装箱输送到检重承载器面指定位置时停下来检重

YDS522检重秤称量范围为0g～5000g，显示分度值为0.01g，最高准确度为0.5g，承载器尺寸为420mm×360mm（长×宽），通过量约每分钟几台到数十台。

据分析，如果采用连续动态检重秤，则有可能准确度达不到要求，因为电脑包装箱内的配件、说明书的重量与电脑包装箱总重量（约1580g）相差太大，检重秤在运动状态下要想检测出说明书缺失的可能性较小，而当检重秤处于静态时，由于准确度提高，则有能准确检测出说明书缺失的可能[32]（如科利尚（Collischan）公司440检重秤资料介绍：在称量范围0.5g～25kg内，动态时准确度为±50mg，而静态时准确度可达到±10mg[33]）。

深圳奕度自动化设备公司类似的检重秤以同样的工作原理用于轮胎的检重。

某制药企业的一条制药生产线需在药瓶内装入2、4、8、20或30颗小药片，以前一直使用一种药片计数机，但它只能评估药片的数量，而不是精确的重量。2008年6月，该企业决定使用瓶装药片检重秤，检重秤的主体是一个星形轮（见图3-19）。当空瓶子被送进星形轮后，首先进入皮重静态称重过程，以确定空瓶的重量。接下来，药片充料机将预先确定数目的药片装入瓶中。在药瓶离开星形轮之前，进入毛重静态称重过程，测量包括药片加空瓶的总重量。扣除空瓶的重量后，药片重量不正确的瓶子会立即被剔除。剩下药片重量正确的瓶子封盖后，作为合格品进入下一工序。这一系统解决方案大幅改善了药片包装质量，从而赢得了该制药企业的信任[34]。

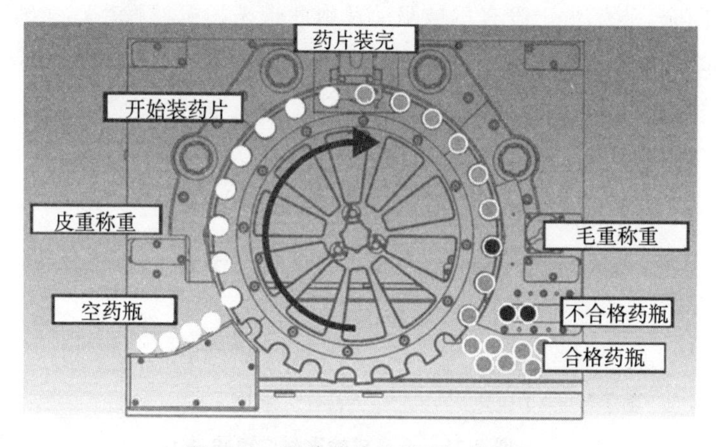

图3-19　瓶装药片检重秤工作原理

德国Collischan公司的TC8210检重秤（见图3-20）专门用于瓶装药片检重，它同时装有装药片数计数器和皮重-总重称重承载器，两种技术完美结合使得瓶装药片的重量检测获得了很高的准确度和可靠性[35]。

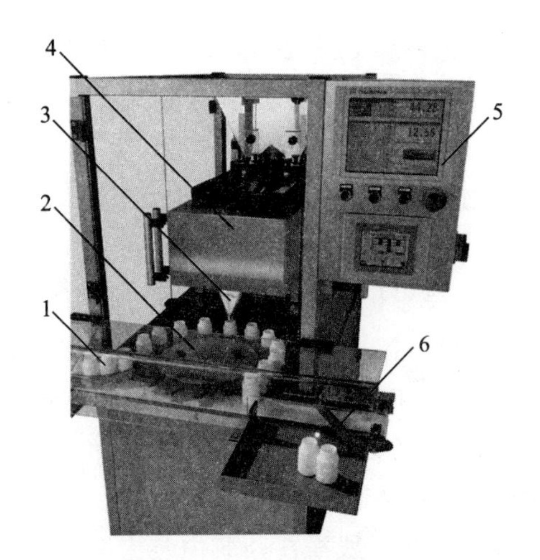

图 3-20　瓶装药片检重秤外观图

1—待检重的空药瓶；2—星形轮；3—药片装入头；
4—装药品机；5—称重显示器；6—剔除装置

四、滑道式

目前全球最高速的检重秤——滑道式检重秤是专门为罐装和瓶装产品设计的，承载器部分的称重区未设机械驱动，仅依靠产品离开输入段后的惯性，在带滑道的称量段上滑过并完成称重过程（见图 3-21），适用于高速灌装产品生产线（700 件/分）[21]。由于没有机械驱动及由此带来的机械噪声，准确度高，维护简单。赛默飞世尔科技公司的 TEOREMA 检重秤采用的就是这种结构。

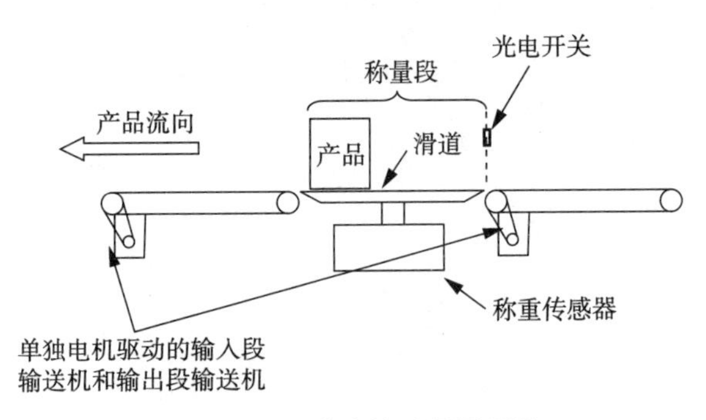

图 3-21　滑道式检重秤原理图

五、多通道式

由于有一些产品的重量很轻，但数量巨大，例如药品中的片剂、药丸、胶囊，食品中的小包装点心、酸奶、咖啡条等，为节省占地、集中管理、方便操作，往往将多台检重秤组合成一体化的多通道检重秤（见图 3-22），最多的通道数可达到 30 条[29]。

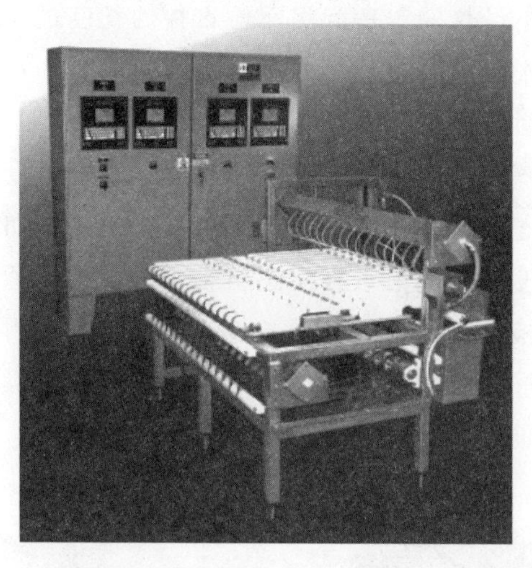

图 3-22 汤普森称重（TSC）公司 350 型 16 通道检重秤

汤普森称重公司 350 型 16x 检重秤可以称重的产品有各种包装盒、罐、瓶、袋等，可提供 2～16 个通道，称量范围为 5g～10kg，准确度为 0.5g，最大输送速度为 90m/min，最大通过量为 350 件/分[36]。

赛默飞世尔科技公司采用 Versa Rx 和 Versa 8120 独特的松带技术构成多通道检重秤（见图 3-23），适用于冲剂条状包、巧克力杯和饼干等，可提供 2～32 个通道，称量范围为 2g～10kg，准确度为 0.03g，最大单通道通过量为 550 件/分。

图 3-23 赛默飞世尔科技公司 Versa Rx 多通道检重秤

六、多承载器组合式

在物流分拣环境中，需要称重的包裹呈现不同的外形和尺寸，检重秤的长度需要足以容得下最长的包裹，然而检重秤的长度过长将限制包裹的通过量。物流分拣环境中包裹的特点是大小不一，采用有 2 台甚至多台长度不等检重秤的多承载器组合配置可以解决这一问题（见图 3-24）。

首先，使用体积测量仪或者光电开关检测包裹的长度。如果小包裹长度尺寸很短，则被发送至长度较短的检重秤上进行检重；如果中包裹长度尺寸中等，则发送至长度较长的检重秤上进行检重；如果合适的话，两个包裹在两台检重秤上同时检重；如果大包裹长度很长，则可在由长、短两台检重秤组合而成的虚拟检重秤上检重。在高速运行的物流分拣操作中，双承载器组合式检重秤的包裹通过量可增加 30%～60%[37]。

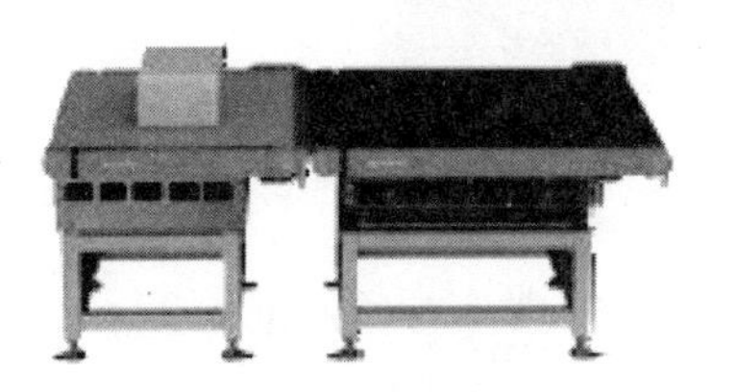

（a）小包裹在长度较短的检重秤上检重

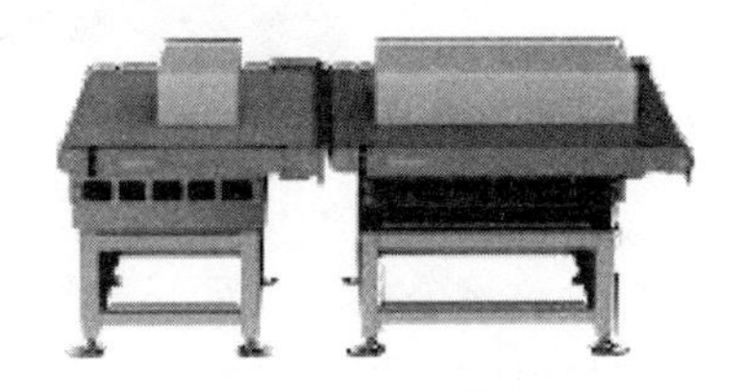

（b）小、中包裹分别在两台检重秤上同时检重

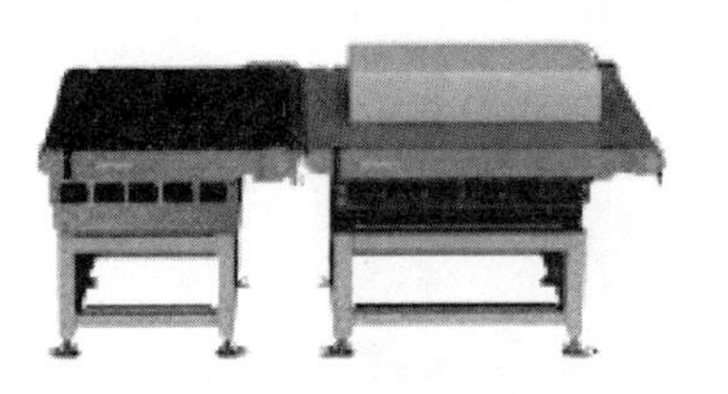

（c）中包裹在长度较长的检重秤上检重

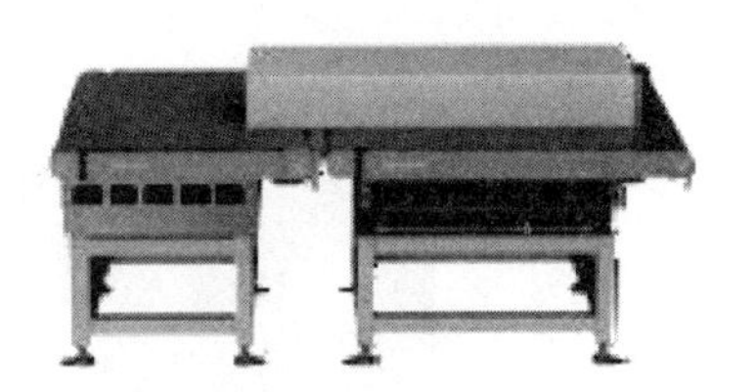

（d）大包裹在两台检重秤组成的虚拟检重秤上检重

图 3-24　物流分拣操作中双检重秤的配置及检重

图 3-25 显示了多台检重秤与体积测量仪组合时的配置，包裹先经过体积测量仪，测得包裹长度后，再分别由检重秤 1、检重秤 2 或 2 台检重秤组合而成的虚拟检重秤检重[37]。

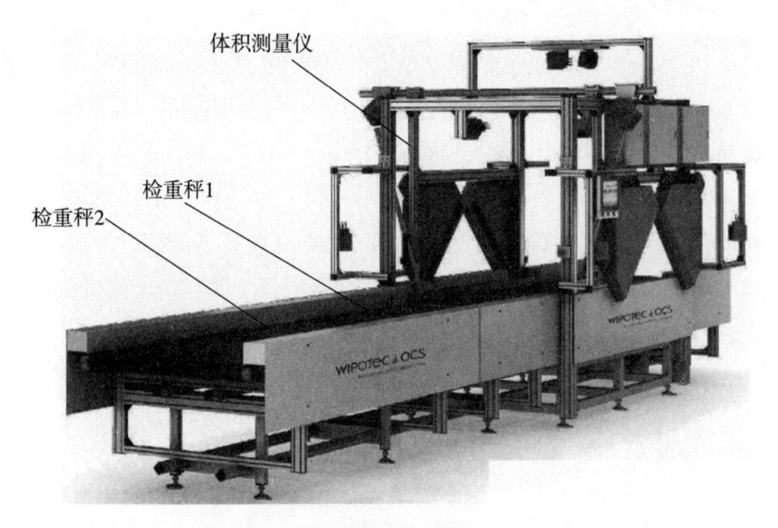

图 3-25 体积测量仪与检重秤的组合

图 3-26 为由 3 台整体式承载器检重秤组成的组合检重秤。

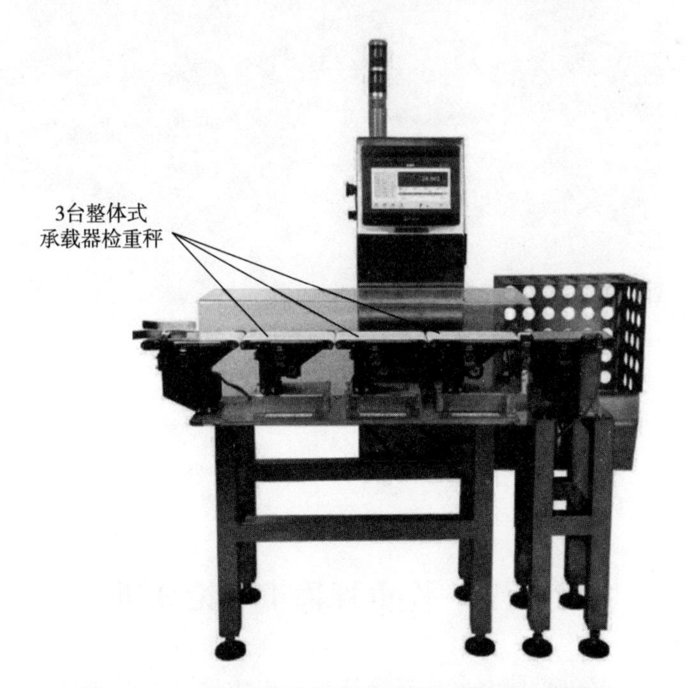

图 3-26 3 台整体式承载器检重秤组成的组合检重秤

七、圆盘式

广东中山新永一测控设备公司 YGW-YP 圆盘式检重秤，适用料盒装入需分选的产品，如鸡腿、鸡翅、鸡块、海参、鲍鱼、小鱼、虾、中药材、水果等尺寸小于 110mm×200mm、重量小于 1000g 的物品，对其进行 1～14 级重量分级。分选速度最快为 300 件/分，分选准确度最高为 0.3g。圆盘式检重秤通常是一台独立操作的设备，无需集成到生产线上，所以检重产品在设备上不是直线输送，而是以类似圆盘给料机的方式循环工作。在圆盘式检重秤的一侧进行产品称重，当转到另一侧时，则按要求进行分级，分级的剔除方式为料盒倾倒式（料盒靠内侧抬高，产品滑出到剔除口）。上料台一般为人工上料，为满足上料速度要求，可多人同时上料以提高生产效率（见图 3-27）[38]。

图 3-27 圆盘式检重秤分选现场

1—圆盘式检重秤；2—待分选产品；3—称重显示器；

4—装产品的料盒；5—倾倒后的料盒

第二节 检重秤称重理论分析

检重秤的称重功能是由承载器完成的，由于被称重产品是一个个依次通过承载器，承载器受力也呈周期性波动。下面研究承载器周期性受力的状态，然后分析承载器的数据采集时间。

一、承载器周期性受力状态

当被称重产品从左向右一个个依次通过承载器时，图 3-28～图 3-36 显示了产品在承载器上或其前后不同位置时称重传感器输出值的变化情况[21]。

(1) 当包装尚未进入称量段时，承载器未受力，称重传感器输出为 0（见图3-28）。

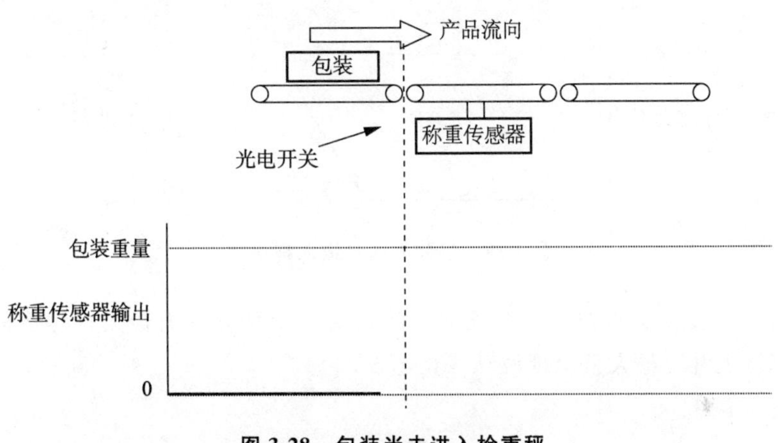

图 3-28　包装尚未进入检重秤

(2) 当包装部分进入称量段，承载器受力逐渐加大，称重传感器输出信号也逐渐上升（见图 3-29）。

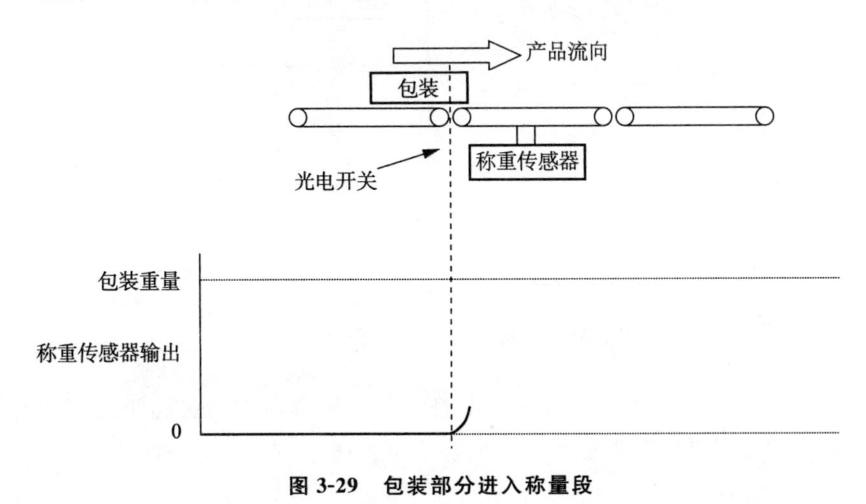

图 3-29　包装部分进入称量段

(3) 当包装大部分进入称量段，承载器受力较大，称重传感器输出信号上升到较大值（见图 3-30）。

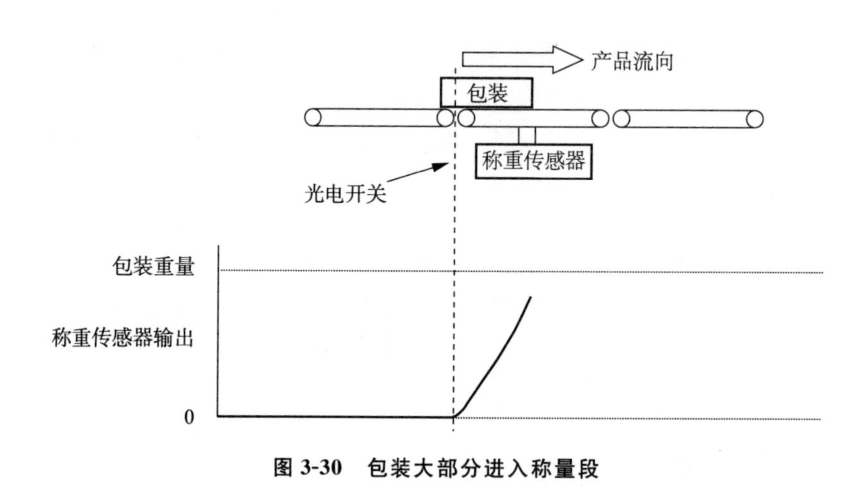

图 3-30 包装大部分进入称量段

(4) 当包装全部进入称量段但未稳定时，承载器受力最大，称重传感器输出信号也升至最大且出现波动（见图 3-31）。

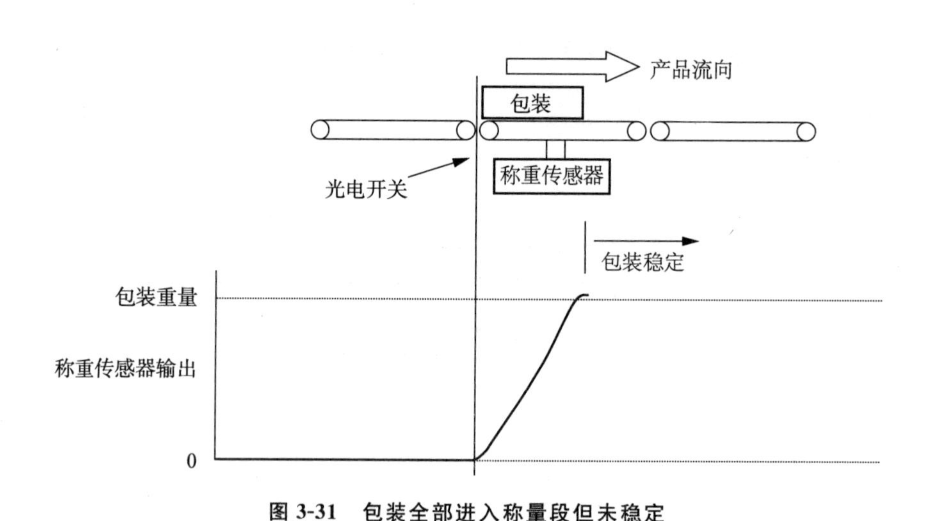

图 3-31 包装全部进入称量段但未稳定

(5) 当包装进入称量段后并逐渐稳定时，承载器受力也趋于稳定，称重传感器输出信号波动逐渐变小，趋向稳定（见图 3-32）。

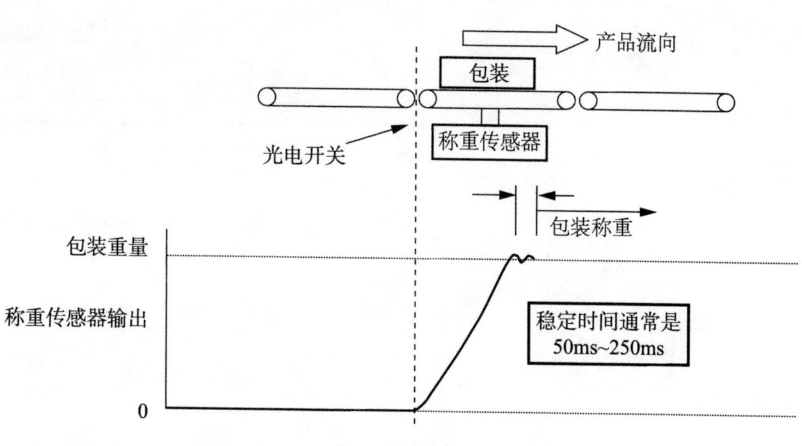

图 3-32 包装进入称量段上逐渐稳定

（6）当包装在称量段上已稳定时，承载器受力也稳定，开始进入称重传感器输出信号的称重采样时间（见图 3-33）。

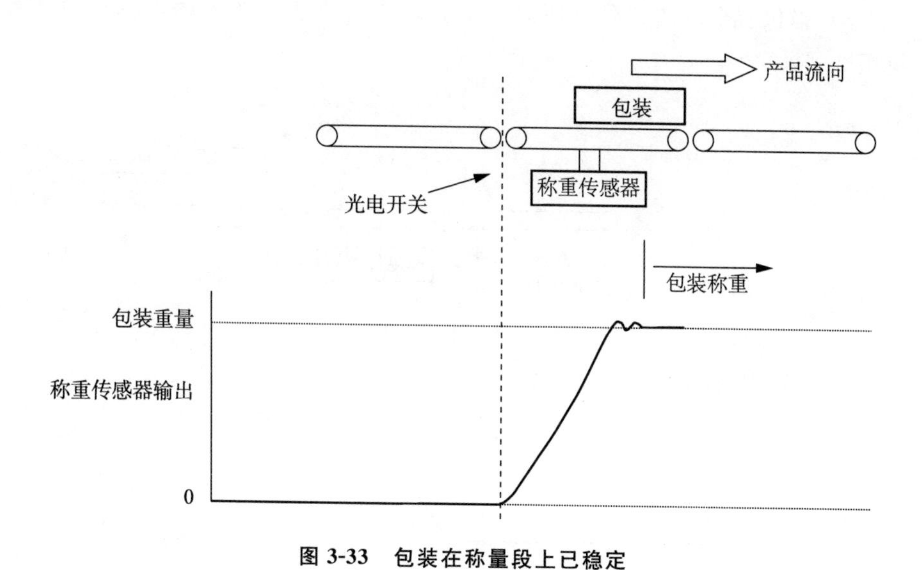

图 3-33 包装在称量段上已稳定

（7）当包装已部分离开称量段时，承载器受力逐渐减少，称重传感器输出信号逐渐下降（见图 3-34）。

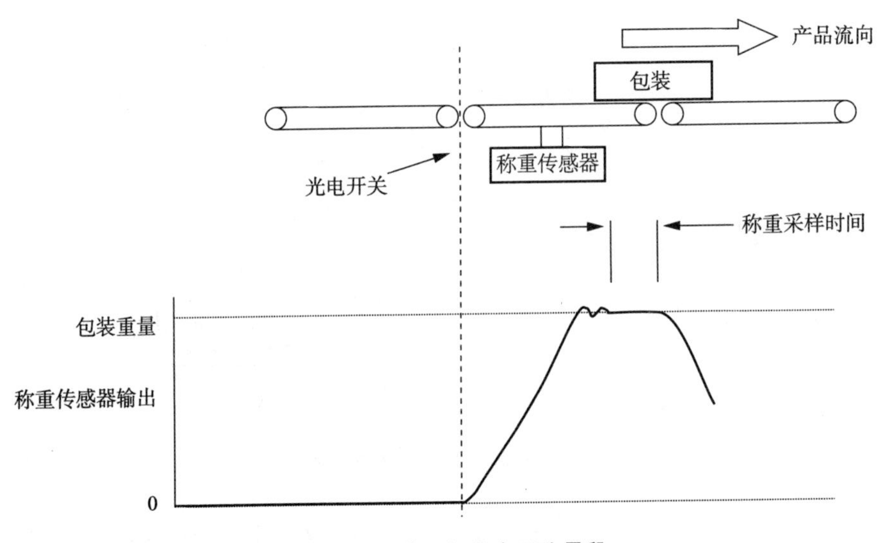

图 3-34　包装已部分离开称量段

(8) 当包装全部离开称量段时，承载器不再受力，称重传感器输出为 0（见图 3-35）。

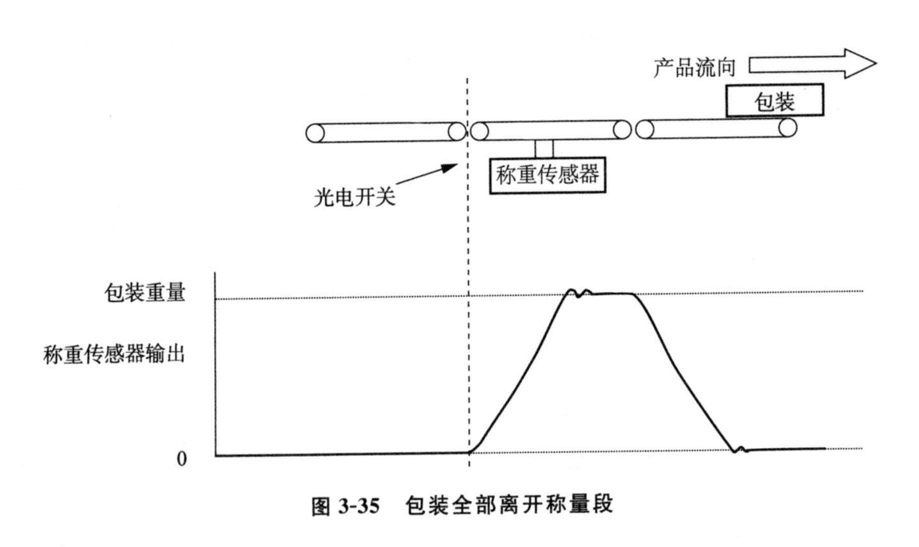

图 3-35　包装全部离开称量段

(9) 当 2 个产品同时出现在称量段上时，2 个产品的重量会同时加载到承载器上，从而使得称重传感器输出信号偏高，导致检重秤显示异常（见图 3-36）。

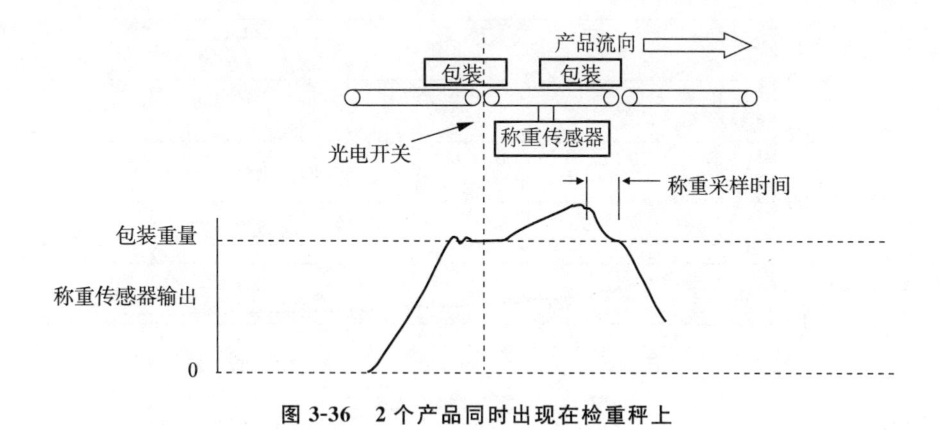

图 3-36 2 个产品同时出现在检重秤上

由上述几幅图可以得到两个结论：

（1）产品在承载器上停留的时间应该包括两部分：稳定时间＋称重采样时间；

（2）不允许 2 个产品同时出现在承载器上。

二、承载器的数据采样时间分析

由图 3-31～图 3-34 中称重传感器输出信号的变化趋势可见，当包装全部进入检重秤一直到部分离开检重秤之前，这一段时间包装的重量虽然全部由承载器承重，但由于包装刚进入检重秤时有一个逐渐稳定的过程，所以称重传感器输出信号有波动。如果在这一段时间进行称重采样，称重准确度无法保证，所以一般要留出一段“稳定时间”，在此之后才真正进入“称重采样时间”。由光电开关触发的数据采集时间（Data Acquisition Time，DAT）应该是：

DAT＝稳定时间＋称重采样时间

一般来说，由于称重过程始终存在噪声，所以检重秤的称重测量值是取多次采样的平均值。图 3-32 中介绍稳定时间通常是 50ms～250ms，而在理想情况下，采样次数应该至少有 50 次，且称重采样时间应该是检重秤的滚筒旋转一整周所需时间。因此，检重秤每秒数据采集次数通常应高于 1000，数据采集时间 DAT 应在 120ms～500ms 范围内。

图 3-37 称重采样时间与检重秤标准偏差的关系曲线是由某型号的检重秤对 45g 纸盒检重试验的数据得到的。由于检重秤的标准偏差越小，其准确度越高，所以这条曲线也代表了称重采样时间与检重秤准确度的关系曲线[21]。

数据采集时间 DAT 越长，特别是称重采样时间越长，检重秤的称重准确

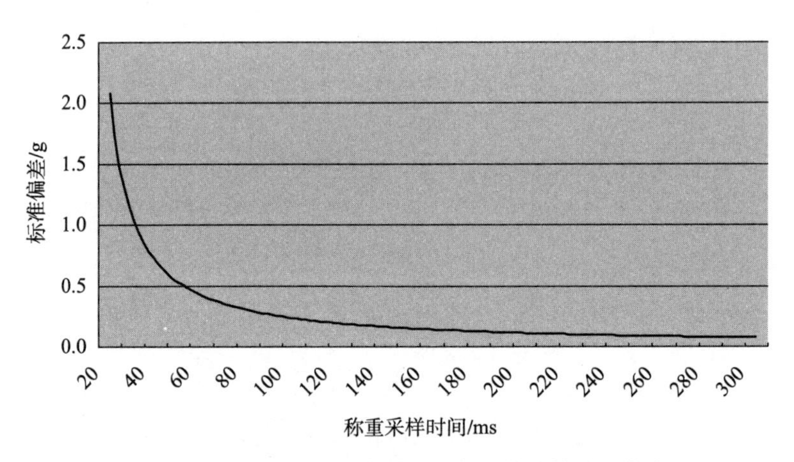

图 3-37 称重采样时间与检重秤标准偏差的关系曲线

度越高。

以下是一台检重秤的数据采集时间 DAT 计算例。

承载器长度：228mm；

皮带速度：35m/min；

产品包装为方形，在产品流向上的尺寸为 124mm。

当产品以正确的产品流向通过检重秤时［见图 3-38（a）］：

DAT＝（228mm－124mm）×60s/min÷35m/min＝178ms

然而，当包装歪斜通过检重秤时，例如歪斜 12°，那么在产品流向上的尺寸增加到 163mm［见图 3-38（b）］：

DAT＝（228mm－163mm）×60s/min÷35m/min＝111ms

即当包装歪斜时，数据采集时间 DAT 减少了 178ms－111ms＝67ms，这将使检重秤的称重采样时间大大减少，对检测准确度将造成较大影响[21]。

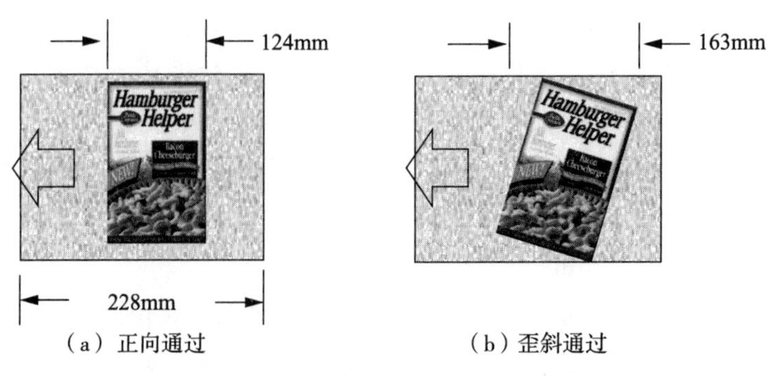

（a）正向通过　　（b）歪斜通过

图 3-38 产品正向或歪斜通过检重秤的计算例

第四章　间距装置

产品间距指的是两个产品之间的距离，测量时从一个产品的前端量到下一个产品的前端（或中对中）。当检重秤称重时，一方面只有使检重秤上的产品间距大于称量段的长度，才能保证产品的正确称重；另一方面，这个间距太大将使检重秤的通过量降低。因此，要采用间距装置来得到适当的产品间距。

第一节　保持产品间距的作用及产品间距要求

一、保持产品间距的作用

当产品通过检重秤时，对整机式承载器来说，同一时间只能有一个产品在检重秤的输送机上，才能正确称量。如图 4-1（a）所示，由于产品之间间距太短，就可能出现两个产品同时出现在检重秤上，这显然不能得到产品的正确称量值。而当产品之间间距足够时［见图 4-1（b）］，两个产品不可能同时出现在检重秤上，从而可保证得到产品正确的称量值[39]。

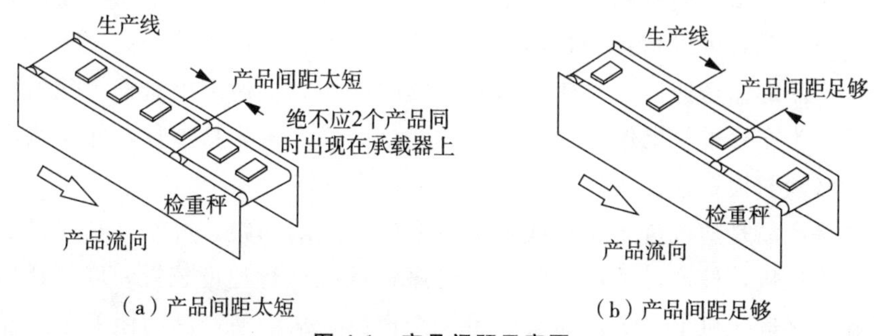

（a）产品间距太短　　（b）产品间距足够

图 4-1　产品间距示意图

这里所指的产品是指其包装的几何结构规整、形状不会改变的刚性产品。对局部式承载器来说，道理是一样的：同一时间只能有一个产品在检重秤的承载器上，才能正确称量。

与产品间距定义有关的是产品的净距离，它是指前一个产品的后端到下一个产品的前端的距离。这是直接关系到同一时间只能有一个产品在检重秤的承载器上要求的参数，但由于刚性产品包装的长度尺寸是固定的，净距离加上产品包装的长度就等于间距。

二、产品间距要求

为确保不会有 2 个产品同时出现在承载器上，应该保证前一个产品离开检重秤后，后一个产品才能进入检重秤，即产品的净距离稍大于检重秤的长度。

如果检重秤的长度为 AA，产品输送时沿输送方向的尺寸为 L_P，则合适的产品间距 BB 为：

$$BB=k\ (AA+L_P) \quad (4\text{-}1)$$

式中，k 为系数，可取 k 的最小值 $k_{min}=1.05\sim1.1$。

第二节　间距装置的类型

检重秤用间距装置是用于改变产品运行速度并使产品产生适当间距的给料装置。间距装置使用皮带或链条传输，运行速度通常比进料输送机快，从而增加包装之间的差距。为了创建或保持一个适当的产品“间距”，可以采用很多装置，比如间距输送机、分瓶螺杆、星形轮等。

一、间距输送机

在包括检重秤的整条生产线上，如果输入段上产品的间距是稳定的，但间距太短，此时可以增加一台间距输送机，以比输入段更快的速度运行，从而加快产品的输送速度，并使产品之间的间距加大，达到检重秤承载器要求的间距。为在检重秤上保持这一间距并使产品稳定进入检重秤，间距输送机的速度必须与检重秤输送机的速度相同（见图 4-2）。

如果产品是随机进入生产线，未能形成一致的间距，可能有必要增加一台时序输送机，使产品的间距均匀。时序输送机运行速度较慢，以便让所有产品在时序输送机上一个产品紧跟另一个产品，从而使产品间距等于产品的长度，为间距输送机做好准备。时序输送机后为间距输送机，以比时序输送机更快的速度运行，从而加快产品的输送速度，并使产品之间的间距加大，达到检重秤承载器要求的间距（见图 4-3）。在这条生产线里，时序输送机主

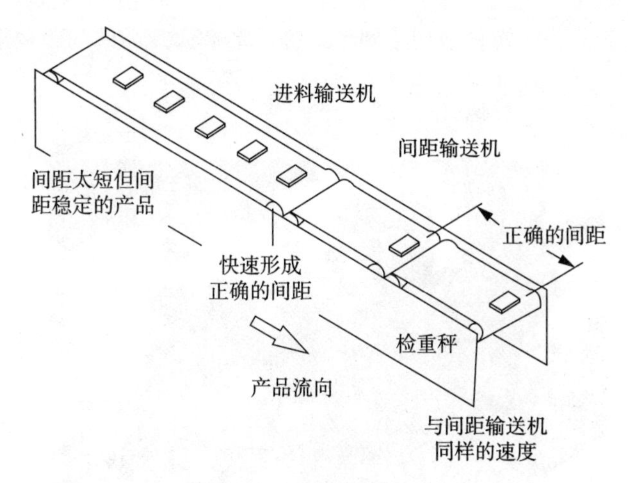

图 4-2 间距输送机

要用于收集不规则间距的产品，然后由间距输送机加速，达到检重秤承载器要求的间距。

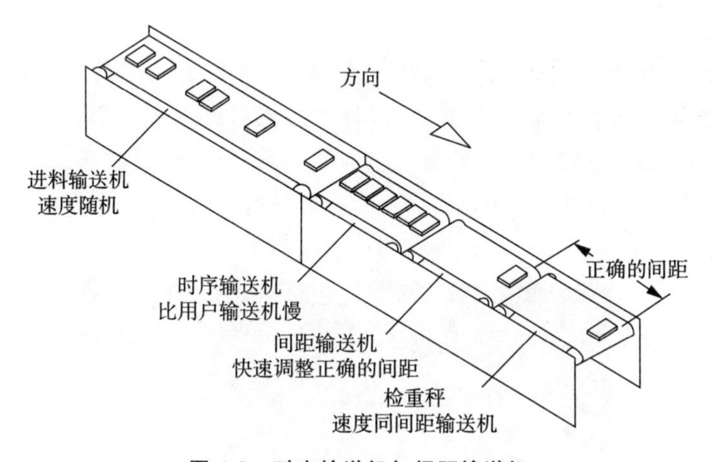

图 4-3 时序输送机加间距输送机

二、分瓶螺杆

分瓶螺杆的螺旋片绕轴旋转，旋转轴的方向平行于包装的输送方向；分瓶螺杆通常是用 ABS 工程塑料杆加工成类似于螺杆上螺纹的长槽，凹槽应能容纳下瓶、罐装产品的一部分，而瓶、罐装产品的另一部分在槽外；螺旋不是等螺距，而是随螺杆长度方向上螺距不断增加的螺旋；当产品一个接一个进入螺旋时，靠近螺旋进口端的间距很小，往出口端螺旋的间距不断增加，产品逐渐分开（见图 4-4）。在螺旋的出口端使产品达到检重秤要求的正确间距，这样为准确称重做好准备。分瓶螺杆适用于圆形或椭圆形截面产品的间距调整[40]。

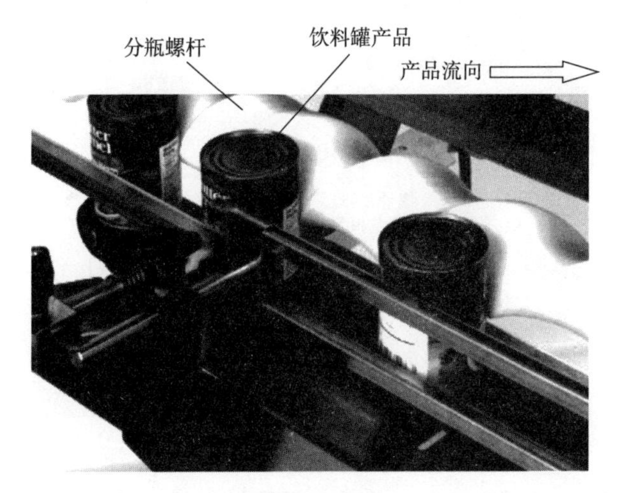

图 4-4　分瓶螺杆

三、星形轮

星形轮适用于圆形或椭圆形截面的产品。星形轮有一系列与产品包装形状匹配的凹槽，当包装产品进入时，一件件产品先后进入一个个凹槽。当星形轮转动一定角度后，通过侧面夹紧装置之间的通路到达输入段，随后进入检重秤(见图 4-5)[41]。在帮助产品准确定时送入检重秤这方面，星形轮优于分瓶螺杆。

图 4-5　星形轮和侧面夹紧装置

1—星形轮；2—侧面夹紧装置

对应检重秤要求的正确间距，可通过星形轮直径、凹槽的数量和旋转速度计算、调整得到。

第三节 智能测量功能

在安立公司 SSV 系列检重秤中，推出了智能测量功能（Smart Measurement Function，SMF），它针对的是偶尔发生的 2 个产品同时出现在检重秤的承载器上造成的“双产品误差”。因为出现这一误差时，检重秤系统不能确定每个产品单独的重量，将迫使剔除这 2 个产品。智能测量功能可在 2 个产品同时出现在检重秤的承载器上时，使用多重滤波器的信号处理方法，与改进的测量分辨力结合，以确定每一个产品通过承载器时的重量，减少“双产品误差”，也就减少了不必要的剔除，提高了生产线的产量。图 4-6 上表示的是正常间距，称重信号稳定正常，属良好的输送条件；图 4-6 下表示的是2 个产品同时出现在检重秤上的非正常输送条件，称重信号部分重叠，但通过短称量间距滤波器并行处理多重滤波器的信号处理方法，识别每一个产品通过承载器时的重量，减少“双产品误差”[42]。

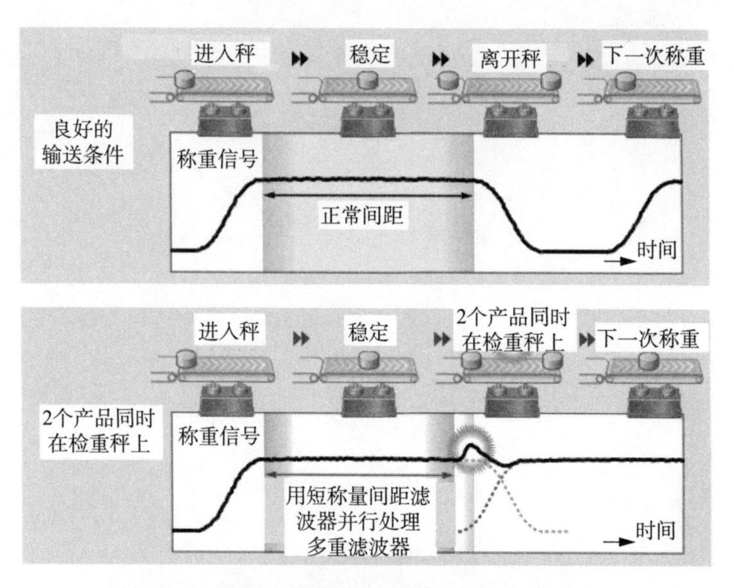

图 4-6 减少“双产品误差”的智能测量功能

某生产线输送机最大通过量为 200 件/分，每年有 2880 万件产品检重，之前为了保证产品间距，检重秤输送机的速度需在输入段 73m/min 的基础上提高到 82m/min，以防止 2 个产品同时出现在检重秤上称重。但这种情况偶尔还会出现，导致双产品同时剔除的错误率为 0.15%，称重准确度为 0.75g。装备智能测量功能后，检重秤输送机的速度可以与输入段 73m/min 的速度相同，即使 2 个产品同时出现在检重秤上称重，检重秤仍能达到高准确度。双产品同时剔除的错误率降低到 0.03%，称重准确度提高到 0.35g。装备智能测量功能后的经济效益为：每年产品被剔除量可减少 0.12%（即 34560 件）；由于称重准确度提高，产品充料时的溢装量可减少 11520kg/年[42]。

第五章　剔除装置

几乎所有的检重秤都配有剔除装置，以实现检重秤的分选产品或得到合格品功能，其位置应在检重秤之后。图 5-1 为检重秤剔除不合格品后得到合格品的功能示意图[43]。

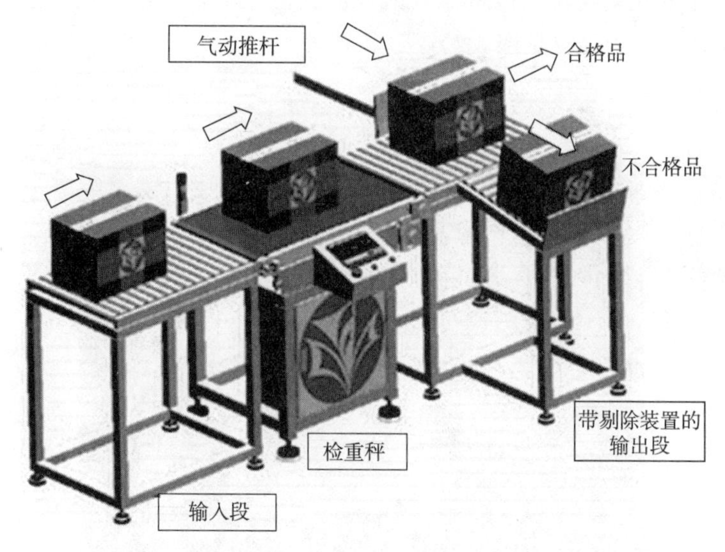

图 5-1　检重秤通过气动推杆剔除不合格品后得到合格品

第一节　剔除装置的作用

如果产品的质量管理只用重量检测，那么当产品通过检重秤后，需根据该产品检重的目的来得到分选的产品或得到重量合格的产品，这都需要通过剔除装置来完成。剔除装置是响应来自控制系统发出的信号、从在线产品流中剔除一部分产品的设备。剔除装置可以是检重秤整体的一部分，也可以单独提供。剔除信号从检重秤的控制器发送到检重秤或下游的剔除装置，通常剔除信号由具有高低电压输出的机械触点或固态继电器组成。

当检重秤与金属探测器、X射线检测装置集成为组合检重秤系统时，不仅重量不合格的产品需要剔除，通过金属探测器、X射线检测装置检测不合格的产品也需要剔除，虽然对应不同检测装置执行具体剔除动作的设备不同，但都组合在一个大的剔除装置里。

当流水生产线上还安装其他缺陷检测设备时，如歪斜产品探测器、包装盒开口探测器时，这些有缺陷的物品也需要从生产线上剔除。

定向不正确（歪斜或略微旋转）的产品使其在前进方向上的长度比定向正确时的实际长度更长，这有可能影响到称重性能。即使是略微旋转的产品也有可能在下游产生问题，造成传送不通畅，甚至会引起生产线堵塞或停车。越早检测到错误并将产品从产品流中剔除，则生产线的整体设备效率越高。通常可用光电开关或其他传感器判断产品的方位，然后将定向不正确的歪斜产品从生产线上剔除（见图 5-2）[44]。

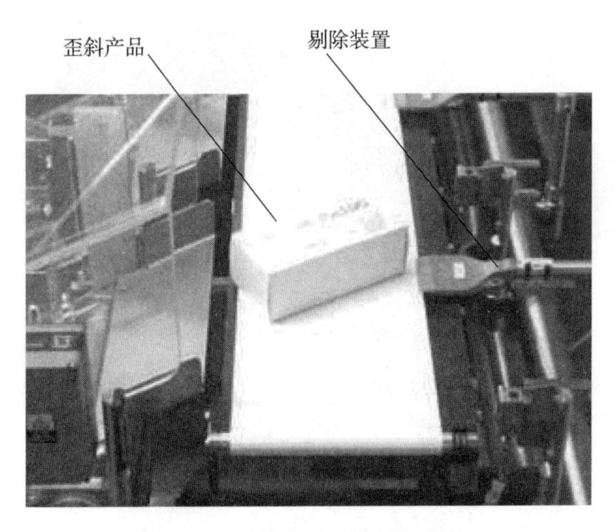

图 5-2　歪斜产品的检测和剔除

包装盒生产线速度不断加快，始终存在部分包装盒有开口的风险。如果未被检测到，那么这种风险将有可能损坏下游打印设备、视觉检测系统和传感器，并会造成堵塞。

产品控制选件可配置在检重秤上检测包装盒开口，并将其立即剔除，以最大限度避免生产中断（见图 5-3）[44]。此外，由于这是一种可配置选件，因此无需在生产线上提供额外的空间，从而最大限度减小制造空间。

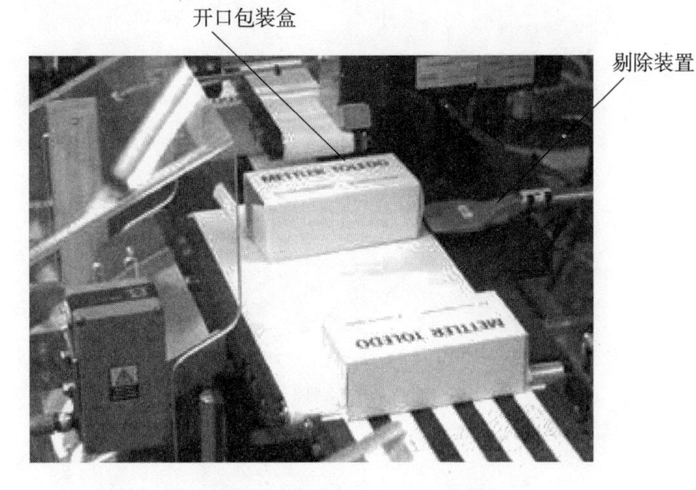

图 5-3　开口包装盒的检测和剔除

第二节　剔除装置的类型

由于通过检重秤的产品是多种多样的，而不同的产品需要采取不同形式的剔除装置，所以剔除装置的种类非常多，以下介绍其中最常见的几种：气喷式、推杆式、摆臂式、输送机提升式、输送机下落式、分线并线式、停皮带输送机/报警系统。

一、气喷式

气喷式剔除装置采用 0.2MPa～0.6MPa 压缩空气作为气源，由电磁阀控制。一旦触发，压缩空气直接通过高压喷嘴吹出，由此产生的高速气流使产品离开传送带被剔除（见图 5-4）[45]。简单的气喷通常是最好的解决方案，可用于自重在 500g 以下的轻包装产品，最适合在宽度窄的输送机系统上输送的独立包装的小型、轻量产品的剔除，且允许产品之间的间距较短，所以可用于最大通过量达到 600 件/分的高速剔除场合。气喷式的喷嘴有时是一个，但为了得到更好的喷吹效果，也可采用多个水平布置的或上下垂直布置的组合喷嘴。比如采用两个水平布置的组合喷嘴就适用于宽度较大的产品包装，使之在剔除过程中不致产生旋转；而采用两个上下垂直布置的组合喷嘴就适用于高度较大的产品包装。成功的气喷式剔除装置需要考虑喷嘴出口的瞬时气流速度、产品的包装密度、物料在包装内的分布、喷嘴的位置及其组合。

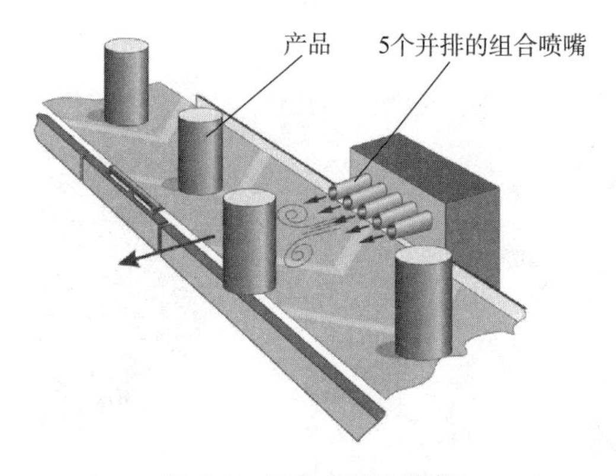

图 5-4　气喷式剔除装置

二、推杆式

推杆式剔除装置采用 0.4MPa～0.8MPa 压缩空气作为气缸的气源，而气缸活塞轴上的推杆安装有矩形或圆形挡片，当气缸由压缩空气驱动时，挡片将输送机上的产品剔除（见图 5-5）[45]。推杆式剔除装置可用在产品包装尺寸和重量范围很宽的各种场合，如 0.5kg～20kg 的产品。但由于推杆的前进和后退要耗时，其剔除速度比气喷式要慢，通常用于通过量 40 件/分～200 件/分的场合。推杆剔除装置也可以采用电动方式，其能源效率高、噪声小、振动小。

推杆式剔除装置由一个双路气缸和一个四通电磁阀控制，使得挡片可以进行推出和缩回动作。当被激活时，气缸通过推杆推动挡片，将产品推出皮带。

推杆式剔除装置必须安装在尽可能靠近产品的位置，但不能接触产品。同时也要尽可能地靠近传输系统，以免剔除时推翻产品。推杆高度一般在产品的中间位置，圆形挡片用于硬质包装产品，矩形挡片用于折叠包装产品。

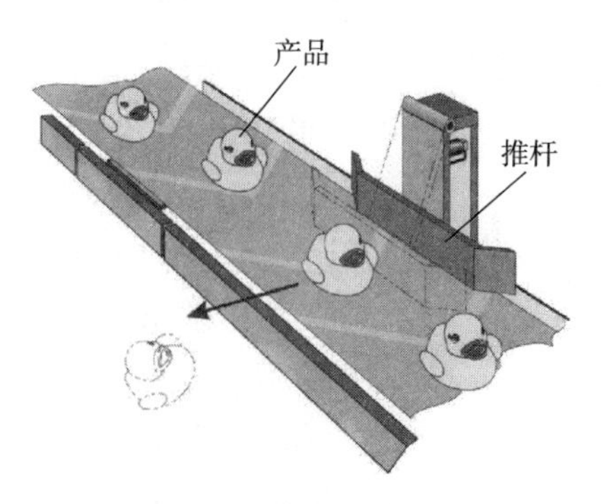

图 5-5　推杆式剔除装置

三、摆臂式

摆臂有一个固定枢轴，使摆臂可在右或左两个方向切换，从而引导产品到左边或右边（见图 5-6）[45]，可采用气动或电动方式。虽然摆臂切换速度很快，可以应付高通过量，但它们的动作通常较为柔和，适用于箱装产品或较厚的袋装产品。

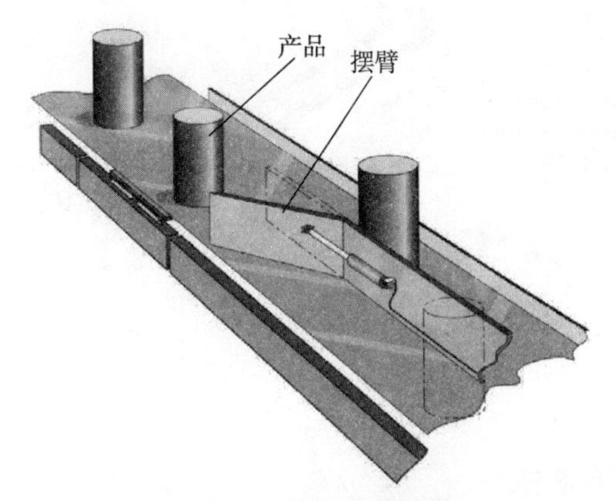

图 5-6 摆臂式剔除装置

当带枢轴的闸板安装在输送装置的侧面时，通常称为刮板，它可以沿传送带旋转一定角度，从而将产品剔除到收集箱内（见图 5-7）[46]。刮板剔除方式适合在宽度通常不超过 350mm 的传送带上，用于分散、随机、非定向的中等重量以下产品。

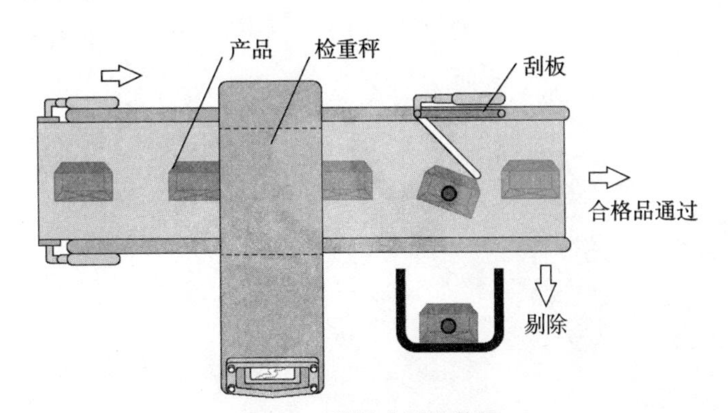

图 5-7 刮板式剔除装置

四、输送机提升式

紧靠输出段的一台输送机可以设计成提升式输送机，这样在需要剔除产品时，可将紧靠输出段的一端提升起来。当输送机这一端提升抬起时，产品可由此跌落到收集箱中（见图 5-8）[46]。这时的提升式输送机就相当于一个闸门，适用于很难直接从运行方向剔除产品的场合。由于抬起高度有限以及复位需要一定时间，这种剔除方式受到产品高度和通过量方面的限制。

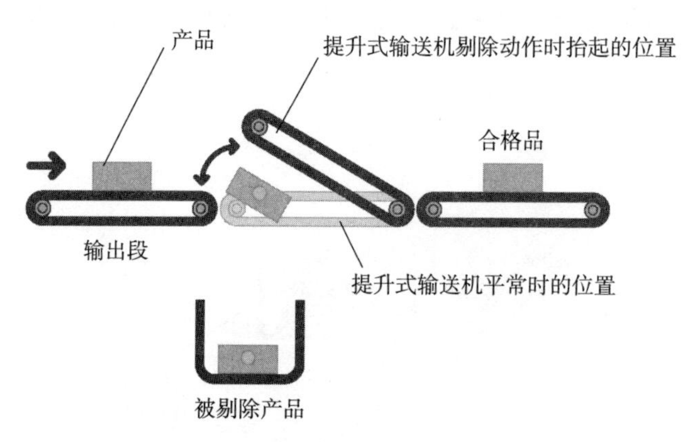

图 5-8　提升式输送机

五、输送机下落式

紧靠输出段的一台输送机又可以设计成下落式输送机，即在需要剔除产品时，将远离输出段的一端设计成可下落式。当这一输送机的远端下落时，产品可随倾斜向下的输送机下滑，然后跌落到收集箱中（见图 5-9）。同提升式输送机一样，下落式输送机也相当于一个闸门，适用于很难直接从运行方

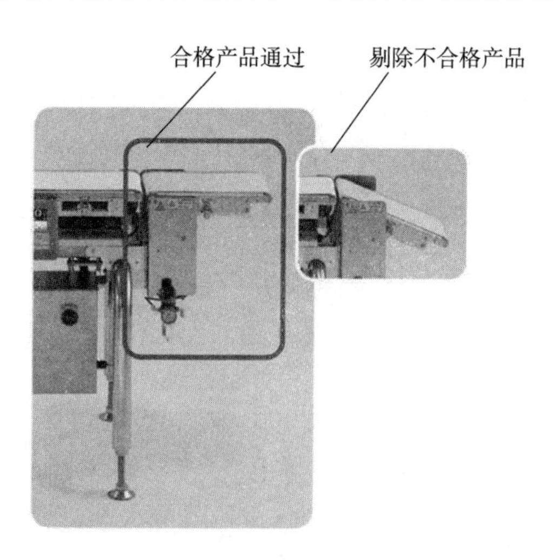

图 5-9　下落式输送机

向剔除产品的场合。由于下落空间有限以及复位需要一定时间，这种剔除方式也受到产品高度和通过量方面的限制[47]。

六、分线并线式

分线并线式剔除装置可将产品分流至两个或两个以上通道中，用于剔除、分类、分流产品。作为一种剔除装置，它们可以用于敞口瓶、敞口罐、装肉禽的托盘等不稳定以及未包装产品，还可用于大纸箱，剔除过程轻柔。在剔除装置上有一排塑料板，在PLC控制器发出信号的控制下，由无杆气缸带动塑料板左右移动，可将包装产品带入适当的通道内（见图5-10）。在不对剔除产品施加冲击力的情况下，实现在同一平面上分流。由于在剔除时不会损伤商品，因此适用于产品的可更换再利用[48]。

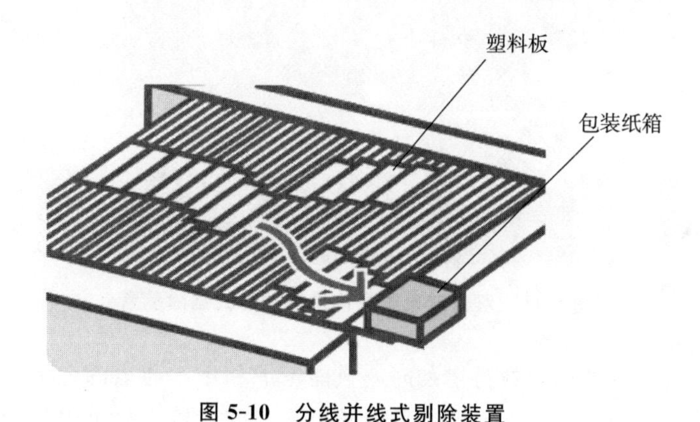

图5-10　分线并线式剔除装置

七、停皮带输送机/报警系统

产品检测系统在检测出重量问题时，可以设计为发出警报并停止皮带输送机。在重新启动检查设备之前，机器操作工将负责从生产线上取出产品。这种剔除系统适用于慢速或通过量小的生产线以及不适合使用自动剔除机构的大而重的产品。

第三节　剔除装置的设计考虑

一、多通道检重秤的剔除装置

多通道检重秤由于各个通道密集排列在一起，通道侧面的空间很难利用，所以在剔除装置选型时受到很多限制。对其中最简单的双通道检重秤，还可利用双通道外侧的空间安置剔除装置。比如图 5-11 所示为赛默飞世尔科技公司为双通道检重秤设置的推杆式剔除装置，图中检重秤部分为双通道，但输出段为一条较宽的单一皮带输送机，已通过双通道检重秤的产品可分别通过这条宽皮带的左右侧输出。在输出段皮带输送机的中部设置了两台推杆式剔除装置，当需要剔除不合格产品时，可通过对应的推杆式剔除装置朝向输出段皮带外侧分别剔除产品。

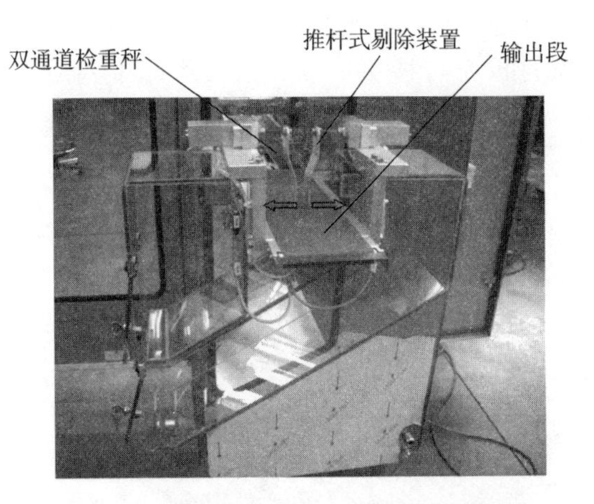

图 5-11　双通道检重秤使用的推杆式剔除装置

多通道检重秤的通道数再增加时，只能考虑利用本通道的上下部空间来进行剔除操作。由此可见，除了提升式输送机和下落式输送机可以作为多通道检重秤的剔除装置外（见图 5-12）[49]，其余形式的剔除装置均很难直接应用。

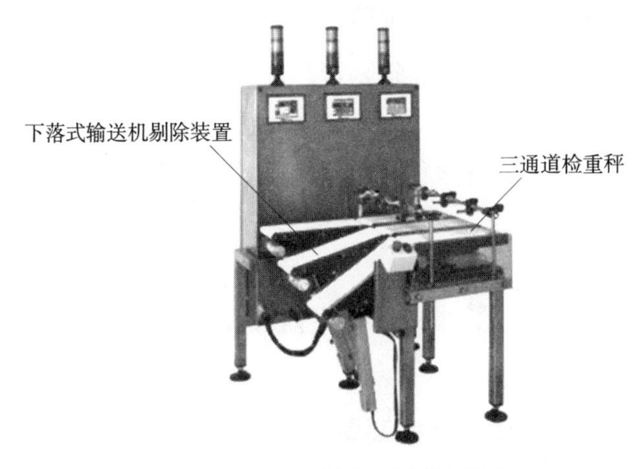

图 5-12　多通道检重秤的剔除装置

二、剔除收集箱

可使用多种不同方法盛装被剔除产品，如托盘、带盖漏斗罩、接收箱等。托盘没有盖子，除了底面外，侧板的高度有限；带盖漏斗罩四周封闭，仅侧下方有开口，以便被剔除的产品穿过送入接收箱；接收箱是一个大一点的容器，可在侧面留有门洞，以便取出被剔除的产品。

收集箱在设计上应当能够耐受所在的环境，并且适合于收集产品的类型。材料通常为聚碳酸酯与不锈钢。收集箱还应为检测的产品和参与过程的人员提供一定程度的保障。保障性最低的是带有无需工具即可开锁的简易型安全锁的收集箱。保障性中等的是带有需要使用工具或钥匙方可开锁的安全锁的收集箱。最先进的方法是采用可将锁销固定，只能由授权用户通过用户界面密码解锁的电磁锁的收集箱。这是一种事件可自动记录在案的操作方式，即：操作工的开箱操作事件可事后追溯。

收集箱还可配备检测“已满”状况的传感器，并通知操作人员或其他人员清空收集箱和记录材料运送过程。

各缺陷检测设备（如检重秤、金属探测器、X 射线检测装置等）检测出的不合格产品应该配各自独立的剔除设备和收集箱，以便对由不同原因造成的不合格产品进行不同的后续处理。

三、多通道剔除装置的备用通道

当设计选用了通道数较多的剔除装置时，往往有多余的通道作为备用，我们可以为流量大的排序产品分配 2 个通道，以防止该通道收集箱过快满溢（见图 5-13）[1]，也可以在设计时就预先考虑为流量大的排序产品多安排几个通道。

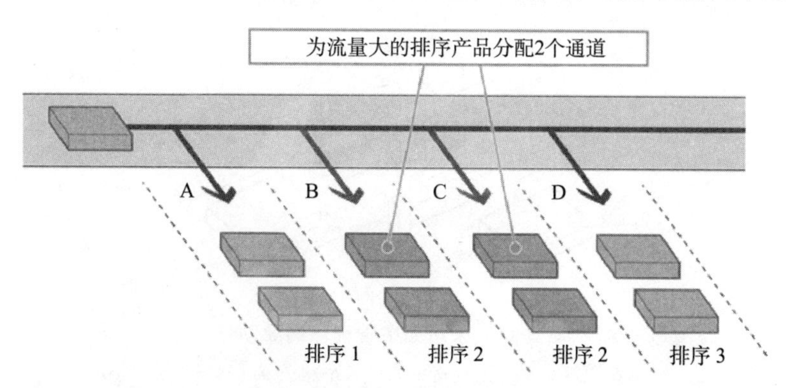

图 5-13　为流量大的排序产品分配多个收集箱示意图

如图 5-14 中检重秤共有 4 个剔除通道，但正常时仅使用其中的 3 个。当检重秤监测到排序 2 的产品 B 口剔除的产品数量多并装满收集箱时，可将原作为备用的 D 口启用来装排序 2 的产品（见图 5-14）[1]。

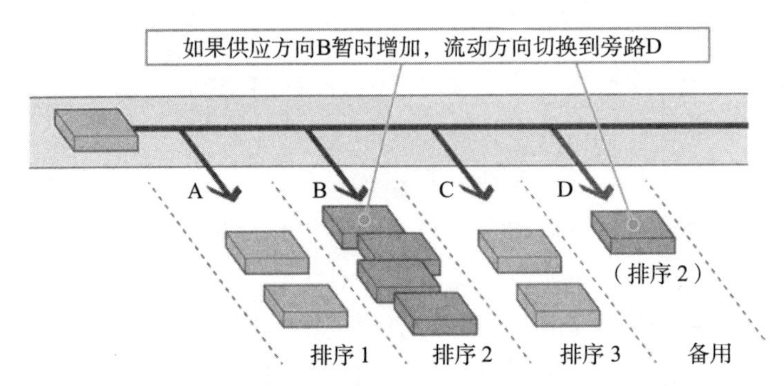

图 5-14 收集箱满装时，可启用备用箱接收产品

四、剔除过程操作检查

为保证检重秤的剔除装置工作正常，需对剔除过程操作精心监控，比如气源装置的工作压力是否正常、气喷式或推杆式等剔除装置是否对准产品中心、剔除动作是否完成、收集箱是否装满等。气源装置的工作压力是否正常可以由压力检测仪表监控，当工作压力低时给出报警信号提示；气喷式或推杆式等剔除装置未能对准产品中心就可能使产品歪斜，不能完成剔除动作，因而要准确调整剔除装置启动的时间；剔除动作是否完成可在剔除动作后方安装剔除确认光电管，如果在特定时间段内该光电管被触发，则表明被剔除的包装没有进入收集箱；此时将向控制系统发出故障信号（见图 5-15）[50]；收集箱是否装满也采用光电管检测，如果箱中接收的包装过多，光电管将向控制系统发出报警信号。

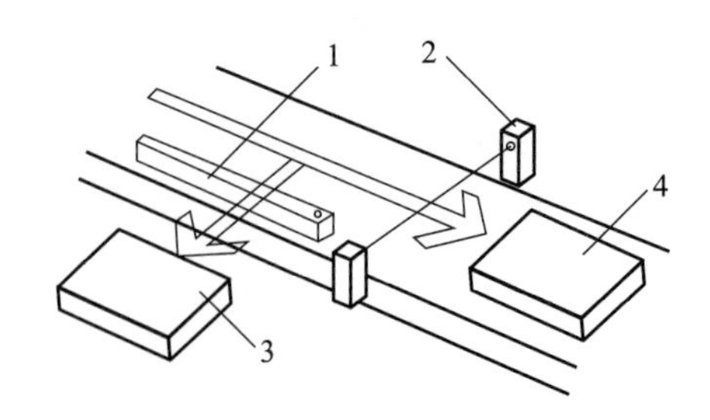

图 5-15 采用光电管确认剔除动作

1—剔除装置；2—光电管；3—不合格产品；4—合格产品

五、剔除故障报警系统

通常应提供以下类别的故障报警信号：

1）剔除确认故障；

2）收集箱已满；

3）气源气压低。

第六章　检重秤的类型

检重秤有多种分类方法。例如：可以按承载器的结构分成皮带式检重秤、链条式检重秤、滚筒式检重秤、滑动式检重秤等；可以按使用功能分成重量检验秤、分选秤、清单检重秤、检重加金属检测（或X射线检测等）的组合检重秤；可以按检重秤的通道数分成单通道检重秤、多通道检重秤；可以按检重范围分成微量程检重秤、小量程检重秤、轻量程检重秤、中量程检重秤、大量程检重秤；可以按通过量分成高速检重秤、中速检重秤、低速检重秤等。

第一节　按承载器的结构分类

检重秤的承载器绝大多数是安装在采用皮带传送的输送机上，称为皮带

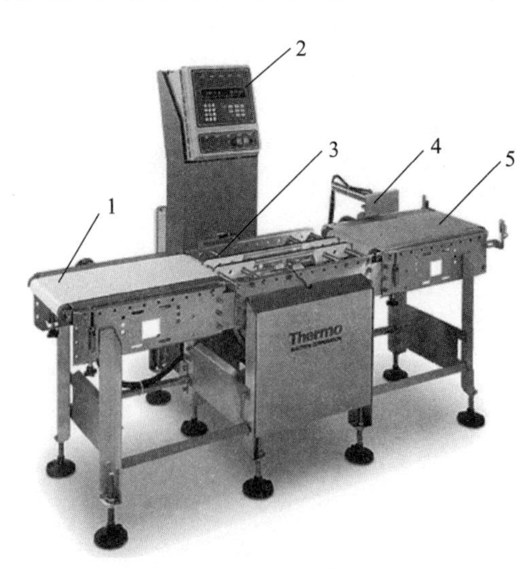

图6-1　链条式检重秤

1—输入段；2—称重显示器；3—称量段（链条式输送机）；4—剔除装置；5—输出段

式检重秤。链条式检重秤是采用链条传送代替皮带传送构成的检重秤（见图6-1），其结构简单、维护量小，但受链条噪声影响，只能达到中等准确度，也只能对刚性包装物品检重[51]。

滚筒式检重秤适用于各类箱、包、托盘等底部是平面的产品输送，能够输送单件重量很大的产品，或承受较大的冲击载荷（见图 6-2）[52]。

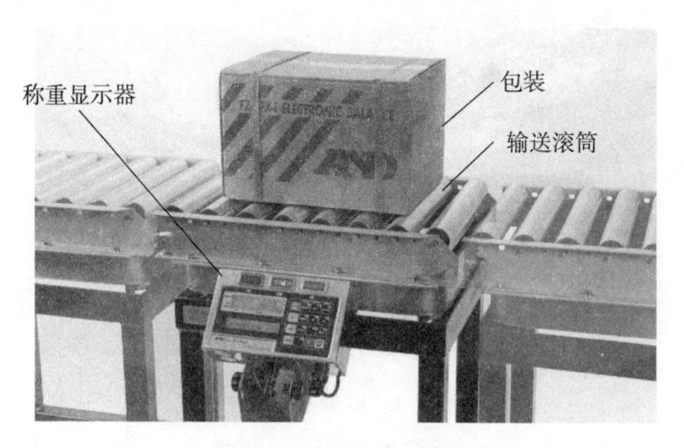

图 6-2　滚筒式检重秤

滚筒式检重秤主要由传动滚筒、机架、承载器、驱动部分等组成，结构简单、可靠性高、使用维护方便，具有输送量大、速度快、能够实现多品种共线分流输送的特点。云南红塔集团烟箱检重使用了滚筒式检重秤（见图 6-3）。

图 6-3　云南红塔集团烟箱检重使用的滚筒式检重秤

专门为罐装产品设计的滑道式检重秤未设机械驱动，当罐装产品离开输入段后，仅依靠产品自身重量在滑道上加速滑过承载器称重（见图 6-4）[21]，适用于高速罐装产品生产线。由于没有机械驱动及由此带来的机械噪声，准确度高，维护简单。

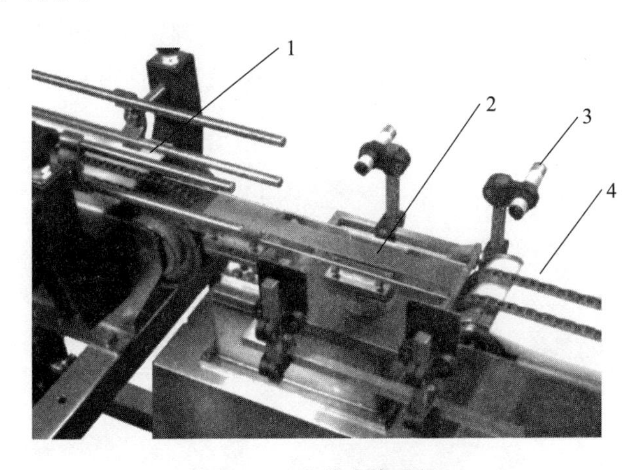

图 6-4　滑道式检重秤

1—输出段；2—滑道式检重秤；3—光电开关；4—输入段

第二节　按使用功能分类

重量检验秤用于检验产品包装的重量，然后将其分类为合格、超重和欠重三类。

分选秤用于检验产品包装或产品本身的重量，然后将其分选为多个级别的产品。这里的产品不存在合格不合格，而只是因单个重量的不同归于不同的级别。

清单检重秤对不同重量、不同尺寸的随机包装进行检重并提供重量数据的可视化显示和数据输出。比如机场的行李或货物的检重，邮件中包裹和信件的检重，快递中包裹或物品的检重，检重秤的作用只是采用检测的数据列出物品清单，而不是为了检验物品重量是否合格、是否需要分选[53]。

比如邮件检重秤中对信件的检重（见图 6-5），信件的特点是长、宽尺寸较大，厚度很薄，而采用信件竖向通过检重秤较让信件平放有节省占地等优点，所以信件检重秤的台面上有左右两侧的垂直输送皮带及台面上的输送邮件的水平输送皮带共三条皮带，且这三条皮带通过传动机构是同步运行的。左右两侧的垂直输送皮带之间的间隙很小，如 13mm、22mm 等，信件可从中竖直通过。实际配置时，还可如图所示并联安装 2～3 台同类型的检重秤。最大称量范围为1000g，精度为0.5g，输送机最高运行速度为4m/s[54]。

图6-5　邮件检重秤

1—检重秤；2—左右两侧的垂直输送皮带；3—水平输送皮带

组合检重秤是在检重秤的基础上综合了其他功能，例如检重加金属检测、检重加X射线检测、检重加视觉检测、检重加喷码[55]、检重加条形码扫描等（见图6-6、图6-7）。

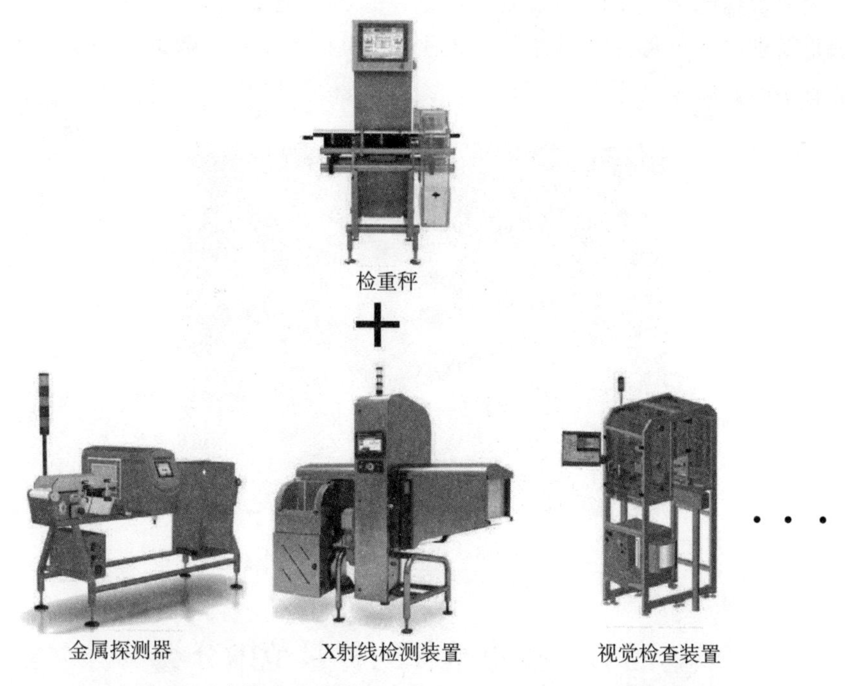

图6-6　在检重秤的基础上综合了其他功能的组合检重秤

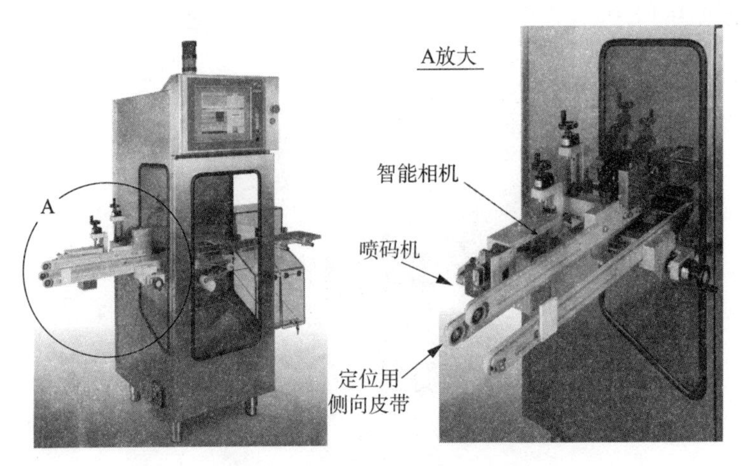

图 6-7 检重加喷码组合检重秤

第三节 按检重秤的通道数分类

大多数情况下使用的是单通道检重秤。当单通道检重秤的通过量远远不能满足要求时，可考虑采用将多台单通道检重秤组合在一起的多通道检重秤，以节省空间，减少操作人员，图 6-8 为六通道检重秤[26]。

图 6-8 六通道检重秤

第四节 按检重秤的称量范围分类

检重秤按称量范围可分成微量程检重秤、小量程检重秤、轻量程检重秤、中量程检重秤、大量程检重秤，见表 6-1。

表 6-1 检重秤按称量范围的大致分类

检重秤类别	微量程	小量程	轻量程	中量程	大量程
称量范围/g	＜10	10～600	600～2000	2000～25000	＞25000

检重秤的称量范围通常与行业有一定的关联，例如制药行业的药片、小药盒的包装，食品行业的小包装通常采用微量程检重秤，物流配送中心通常采用轻量程检重秤或中量程检重秤，而在石化、冶金、水泥等行业固体物料的包装通常采用大量程检重秤。图 6-9 为杭州万准公司 GM-C1500 大件货物检重秤，产品长度为 1m～3m，检重量程为 5kg～300kg，称重台面宽度为 1200mm，前后滚筒中心距为 3500mm，分辨力为 10g，最高准确度为 30g，通过量不超过 4 件/分[56]。

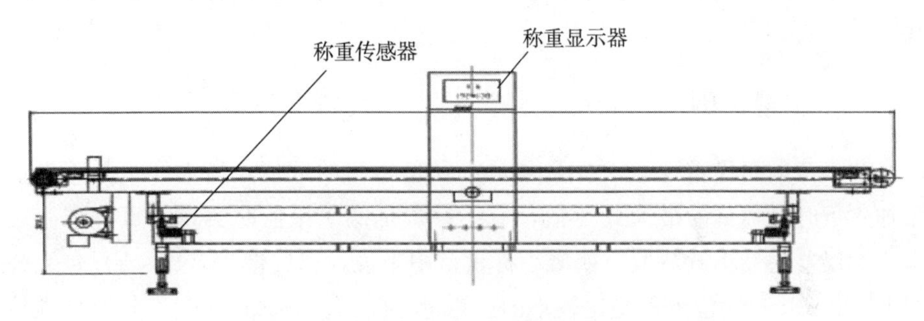

图 6-9 大件货物检重秤

第五节 按通过量分类

检重秤按通过量可分成低速检重秤、中速检重秤、高速检重秤，见表 6-2。

表 6-2 检重秤按通过量的大致分类

检重秤类别	低速	中速	高速
通过量/（件/分）	＜60	60～300	＞300

检重秤的称量范围与通过量也有关联，称量范围越小，产品数量往往越多，而产品的尺寸也小，检重秤就可以做到小巧，因此通过量很大，可以达到 700 件/分以上。反之，50kg 大包装的检重秤，检重秤长度要超过 1m，通过量可能低至 10 件/分以下。

第七章　设计选型

第一节　技术指标

检重秤的性能是用户所关心的，这里介绍一些涉及设计选型的主要性能指标。

一、称量范围

称量范围是检重秤最大秤量与最小秤量之间的数值，最大秤量是不考虑添加皮重时可称量的最大载荷值，最小秤量是低于该值时会使检重秤产生过大相对误差的最小载荷值。就最小称量范围来说，德国博世（Bosch）包装公司KKX3900胶囊检重秤是比较小的，称量范围20mg～2000mg，相对标准偏差为1%；KKE2500胶囊检重秤，称量范围20mg～20000mg，准确度为2mg（1mg）[57]。安立公司KWS9001AP多通道（10、20、30通道）胶囊检重秤虽然称量范围与博世包装公司的2mg～2000mg一样，但分度值为0.1mg，最高工业准确度为0.5mg[35]。在产品资料中查到的最大秤量是225kg[58]，而从技术角度来看，再大一些的最大秤量也是可以实现的。

一般来说，检重秤的称量范围涉及的量程比值远大于其他电子衡器，如检重秤厂家给出的350g～35kg、5g～500g、20mg～20000mg称量范围，其量程比值为100∶1～1000∶1，都远远大于皮带秤、料斗秤、汽车衡的称量范围的量程比值。当选择最大量程且正常称重值接近最大量程时，可达到按百分比计算的最高准确度。当按绝对值（如以克为单位的质量）来计算时，最小量程的准确度最高。

二、检重准确度

按检重秤的用途可将其划分为X、Y两个基本类别，X类仅适用于符合国家《定量包装商品计量监督管理办法》的要求对预包装产品进行检验的检重秤；

Y类适用于其他所有检重秤，例如计价贴标秤、邮包秤和货运秤以及许多被用来称量散状单一载荷的秤。由于本书论述的内容以预包装产品进行检验的检重秤为主，所以准确度等级也以X类为例介绍（见表7-1）。

表7-1 准确度等级相关的检定分度值和检定分度数（X类检重秤）

准确度等级	检定分度值	检定分度数 $n=\mathrm{Max}/e$	
		最小值	最大值
Ⓘ	0.001g≤e*	50000	—
Ⓘⅰ	0.001g≤e≤0.05g	100	100000
	0.1g≤e	5000	100000
Ⓘⅱ	0.1g≤e≤2g	100	10000
	5g≤e	500	10000
Ⓘⅲ	5g≤e	100	1000

* 由于试验载荷的不确定度，通常不能对e<1mg的衡器测试和检定。

但在检重秤厂家的产品样本中，通常列出绝对值准确度指标，如0.02g，或为1个变化范围，如0.5g～3g（注明取决于输送速度、通过量等因素）。此值越小，所选的检重量程越大，检重秤按百分比表示的实际准确度越高。这一指标通常是以±3σ（标准偏差）表示的，表示有99.7%的产品将达到这个准确度，但也有少数厂家采用±2σ（标准偏差）表示，这表示只有95%的产品将达到这个准确度，这在很多场合是不能令用户满意的。

当我们比较不同检重秤的准确度时，应该基于相同的标准，即以±3σ（标准偏差）表示的准确度来比较。

一般来说，当产品整体进到检重秤之后，最初的检测信号是有波动的，需经过一段时间才能稳定下来，信号稳定之前的这一段可称为过渡段，在过渡段测量的准确度较差。进入稳定段后测量，准确度才会高，而输送机速度、被测物品长度、秤体长度等均与稳定段有关。输送机速度快，过渡段延长，稳定段缩短，准确度下降；被测物品长度长，产品整体进入检重秤的长度增加，过渡段后移，也使稳定段缩短，准确度下降；秤体长度长，则在过渡段不变的条件下，加长了稳定段，准确度可得到提升。

某厂家进行了不同输送机长度的检重秤检重准确度比较试验，2台检重秤的长度分别为495mm和270mm，在产品通过量相同、输送机皮带速度相同的条件下，由于产品在495mm检重秤上停留的时间长，稳定时间及称重采样时间远大于270mm检重秤，所以得到的测量准确度分别是1.0g和2.3g，即输送机长度长的检重秤检重准确度更高（见图 7-1）[59]。但是当输送机长度过长时，有可能要求产品间距加大，检重秤线速度将加快，从而影响准确度，否则只能降低通过量。

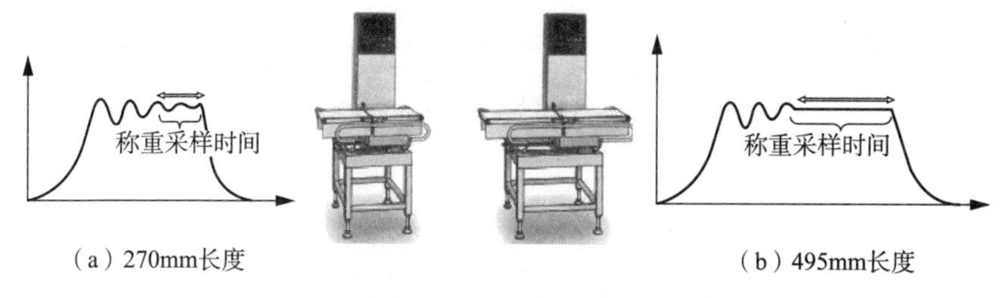

（a）270mm长度　　　（b）495mm长度

图 7-1　不同输送机长度的检重秤检重准确度比较

检重秤的准确度高将给用户带来更大的经济效益，以计量袋装咖啡 0g～200g 量程的 2 台检重秤为例，如果检重秤 A 的准确度为 1g，检重秤 B 为 0.5g，通常这两台检重秤的目标重量值设定时检重秤 B 要比检重秤 A 低 0.5g，在保证最终产品的净重满足标签重量的条件下，溢装量要少 0.5g（见图 7-2）[59]。

图 7-2　检重准确度对产品包装溢装量的影响

由于受生产线的工作条件所限，楼面振动、空气流动等因素均有可能使检重秤的准确度下降。在检重秤的产品资料中，标出的准确度指标常常带有一条附注：准确度取决于通过量、重量、产品尺寸和产品传输状况。所以在为生产现场选择检重秤的准确度时，通常要“储备”一点准确度，即所选用检重秤产品样本所列的准确度指标要高于所期望的准确度[60]。

三、通过量

通过量表示的是单位时间通过检重秤的产品件数，通常以件/分、件/时表示，如 100 件/分、6000 件/时。资料查到的最高通过量可达到 700 件/分以上[61]。

当通过量较小时，由于输送速度相对较慢，检重秤的准确度将明显高于通过量较大时的指标；同样当检测对象产品的重量稍轻时，检重秤的准确度将明显高于检测对象产品的重量稍重时的指标（见图 7-3）[62]。

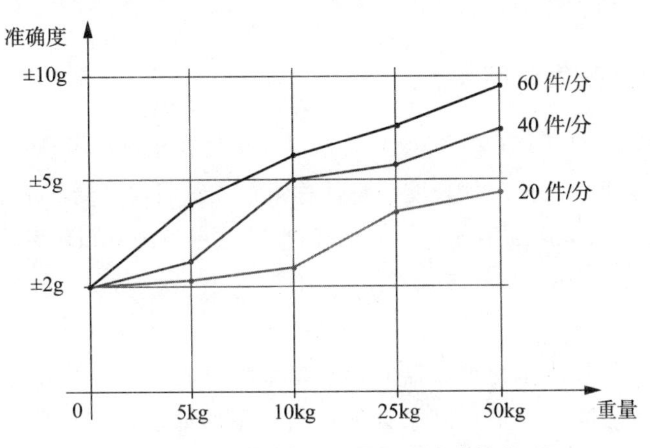

图 7-3 通过量、产品重量与准确度的关系

例如，当一个 150mm 长的产品以 18m/min 的速度通过检重秤移动时，如通过量是 60 件/分，那么对 1 个 450mm 长的产品，它通过检重秤移动的速度可能需要达到 36m/min，才能与 60 件/分的通过量匹配。也就是说，产品的尺寸在流动方向越长，要保持相同的产品通过量，输送机的速度就应越快。

输送机的速度通常与准确度成反比，为了保持高的通过量和准确度，将不得不在准确度和通过量之间进行协调。

当 1 台检重秤的通过量达不到生产线要求时，可采用并列式多通道检重秤，一方面可降低输送速度，达到更高的准确度，同时实现要求的总通过量，还可以节省占地。

四、输送速度

检重秤称重输送机的运行速度，通常以 m/min 或 m/s 表示，如 30m/min、1.5m/s，更多是以 m/min 来表示。用于信件称重的最高速度可达到 4m/s。

为了保证产品在检重秤上有足够长的测量稳定时间，输送速度不能太高。

产品在检重秤上通过时，与包装通过量相关的 3 个主要参数是：皮带速度、每分钟通过的产品数（PPM）和产品间距。3 个主要参数相互间的关系式为：

$$皮带速度=每分钟通过的产品数\times产品间距$$

若以 v 表示皮带速度、n 表示每分钟通过的产品数、BB 表示产品间距时，则可表示为：

$$v = n\mathrm{BB} \tag{7-1}$$

这被称为检重秤的黄金法则。

五、数据采集时间

数据采集时间 T_M（单位为 s）是产品完全处在检重秤承载器部分的时间，数据采集时间可以由检重秤长度（整体称重）或承载器（局部承重）长度 AA（单位为 mm）减去产品沿输送方向的长度 L_P（单位为 mm）后除以皮带速度 v（单位为 mm/min）来计算：

$$T_M = 60\ (\mathrm{AA} - L_P)/v \tag{7-2}$$

当输送机的整体作为承载器时，数据采集时间可以由称重输送机的长度减去包装长度后除以皮带速度来计算；当采用局部承重式承载器时，数据采集时间可以由局部承重式承载器的长度减去包装长度后除以皮带速度来计算。数据采集时间包括稳定时间和称重采样时间，稳定时间通常需要 50ms～250ms，总的数据采集时间大致在 120ms～500ms。某制造厂针对不同型号的产品提供了最短数据采集时间（见表 7-2）[63]。

表 7-2 某制造厂不同型号产品的最短数据采集时间

型号	2	3	40	100	CK
最短数据采集时间/ms	120	160	250	400	500

六、分度值

在数字式检重秤中，分度值指相邻两个示值之间的差值。在称量范围内分度数的变化范围大体从 100～100000。一般来说，在检重秤的称量范围内，分度值是不变的或变化很小，所以量程值越大，在选择称量范围内分度数越多，而量程值越小，在选择称量范围内分度数越少。如安立公司的 KWS9006AN 检重秤的称量范围是 0.1g～50g，分度值为 0.001g，那么当选 0.1g 量程时，分度数只有 100，当选 50g 量程时，分度数达到 50000。不同量程的分度数相差非常悬殊。

针对这种情况，一些厂商推出在称量范围内多分度值的产品，如安立公司的 KW6203E 检重秤的称量范围是 2g～600g，对 600g 量程其分度值为 0.02g，对 300g 及以下量程其分度值为 0.01g。在 600g 量程时，分度值为

0.02g，分度数达到 30000；在 300g 量程时，分度值为 0.01g，分度数也是 30000；在 2g 量程时，分度值为 0.01g，分度数仅有 200[64]。安立公司的 KW6400 检重秤的称量范围是 6g～3000g，对 600g 以下量程分度值为 0.02g，对 600g～2000g 量程分度值为 0.05g，对 2000g～3000g 量程分度值为 0.1g。在最小 6g 量程时，分度值为 0.02g，分度数仅有 300；在 600g 量程时，分度值为 0.02g，分度数达到 30000；在 2000g 量程时，分度值为 0.05g，分度数达到 40000；在 3000g 量程时，分度值为 0.1g，分度数仍达到 30000。由于多分度值可以根据产品重量检重值自动转换，所以对提高检重准确度有好处[65]。

七、应用计算例

本例计算条件：检重秤的长度为 AA＝300mm，每分钟通过的产品数 n＝100，产品输送时沿输送方向的尺寸 L_P 为 60mm。

计算时先确定产品合适的间距，保证在承载器上同一时间仅有一个产品被称重，然后根据通过量计算最低速度并选择相应的速度值，最后验算数据采集时间。

1. 确定产品合适的间距

为确保不会有 2 个产品同时出现在承载器上，应该保证产品的净距离稍大于检重秤的长度，为此引入安全系数 k。

按公式（4-1），如果检重秤的长度为 AA＝300mm，安全系数 k 取 1.05，产品输送时沿输送方向的尺寸 L_P 为 60mm，则产品合适的间距：

$$BB = k\ (AA + L_P) = 1.05 \times (300\text{mm} + 60\text{mm}) = 378\text{mm}$$

实际可取产品间距 380mm。

2. 选择相应的速度值

按公式（7-1），如果每分钟通过的产品数 n＝100，则最低输送速度 v：

$$v = n\text{BB} = 100 \times 380\text{mm/min} = 38000\text{mm/min} = 38\text{m/min}$$

可取实际检重秤产品输送速度为 v＝40m/min，则满足要求。

3. 验算数据采集时间

按公式（7-2），检重秤的数据采集时间：

$$T_M = 60\text{s/min}\ (AA - L_P)/v = 60\text{s/min} \cdot (300\text{mm} - 60\text{mm})/40000\text{mm/min}$$
$$= 0.36\text{s} = 360\text{ms}$$

计算所得 T_M 应大于对应型号检重秤的最短数据采集时间。

如果用户选择的是表 7-2 所列产品，则型号 2、3、40 的检重秤满足要求，而余下的产品不能满足要求。

第二节　选购检重秤需要考虑的问题

检重秤与其他类型的称重设备完全不同，用途不一样，测量量程相差很大，还要适应产品生产流水线的要求，所以结构、尺寸、配件各不相同。检重秤的档次也有差别，低成本、快订单基本检重秤供简单任务用，高准确度的检重秤完成关键生产线的检测控制。甚至可以说，每一台检重秤都要根据特定的具体应用设计制造，还可以说检重秤是需要根据用户需求的定制化产品，并配备特定的机械选项和软件功能。因此，设计条件就非常重要，有购买检重秤意愿的用户应与制造商一起协商并提出设计条件，以帮助检重秤制造商评估用户的需求，提供个性化的最佳解决方案。

检重秤制造商对检重秤本身的了解非常透彻，但是其对用户的想法、用户生产线的详细情况却了解不多，所以需要尽可能精准地了解用户的生产和需求信息。

一、选购前用户应考虑的问题

选购检重秤之前，用户需要考虑下面几个问题：

1）我们的生产线需要配套怎样的检重秤？

2）我们是否需要自动称重式检重秤？

3）我们需要为这个项目投入多少人力物力？

4）我们采用检重秤后将带来哪些效益？

工厂的自动化设备本来就是为了满足工艺过程要求服务的，采用检重秤是为了达到什么目的？采用检重秤是为了产品称重、为了产品分选还是为了列出产品清单？采用检重秤是为了保证产品包装的重量合格（减少产品不合格率、退单率）还是为了得到经济回报？采用检重秤能否得到预期的经济回报？

二、选购时应考虑的问题

回答上述问题后的结论如果是肯定要采用检重秤，则还要回答以下几个问题：

1）被检重产品的信息，如重量、形状、尺寸、物性等；

2）产品生产线的信息，如通过量、输送速度、台面高度等；

3）生产环境的信息，如温度、湿度、通风状况、防火防爆要求等；

4）检重秤对附件有哪些要求，对检重秤检测数据的传送有哪些要求；

5）生产线上的产品除了需检测重量外，有没有其他检验要求，如金属检测、X射线检测、视觉检测等要求。

下面将对其中的包装类型、附件、输入段输出段的配套、数据集成几个问题做进一步的介绍。

1. 包装类型

常见的产品包装类型见图7-4[46]。

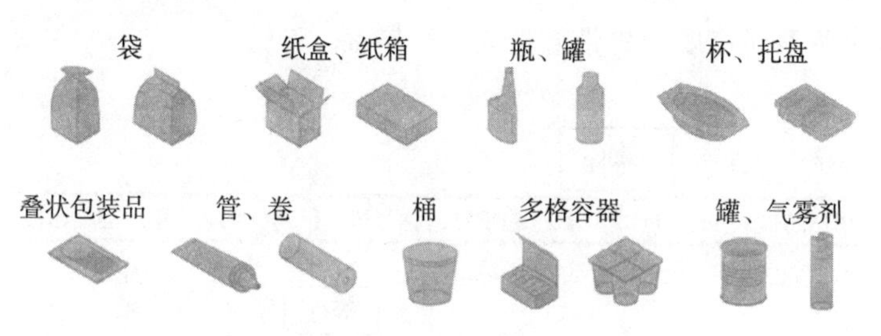

图7-4　常见的产品包装类型

2. 附件

常见的检重秤附件见图7-5[42]。

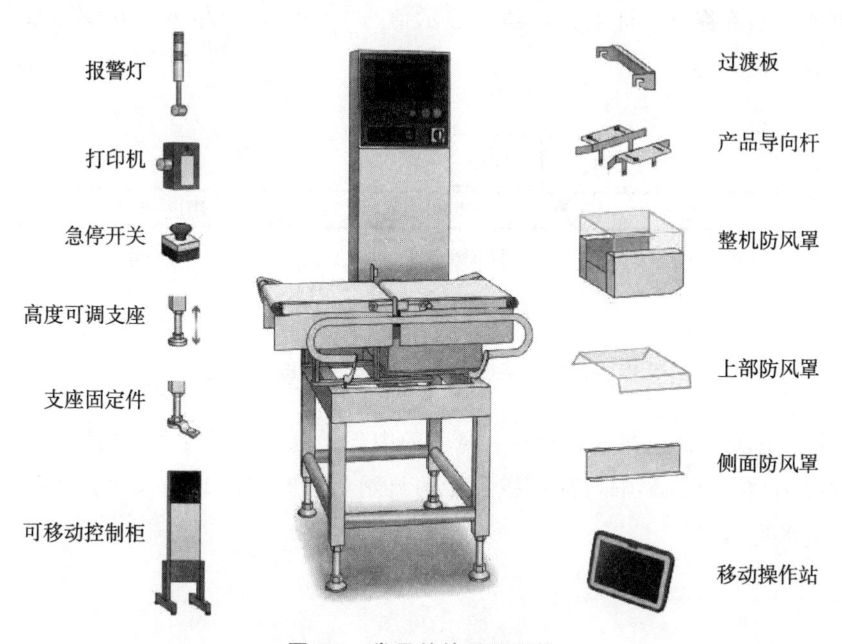

图7-5　常见的检重秤附件

3. 输入段、输出段的配套

虽然也可以由用户自行配套输入段和输出段，但这往往造成输入段和输出段的运行速度与检重秤的运行速度不一致或不完全一致，由此对检重秤的运行造成较大的影响[66]。

图 7-6 至图 7-10 表示的是某用户自行配套的输入段和输出段均与检重秤称量段的皮带输送速度不一致的情形。图 7-6 为产品由输入段刚进入检重秤时，输入段与检重秤称量段之间皮带速度的差异使产品产生振动，振动产生的原因是两条不同速度的皮带输送同一个产品。

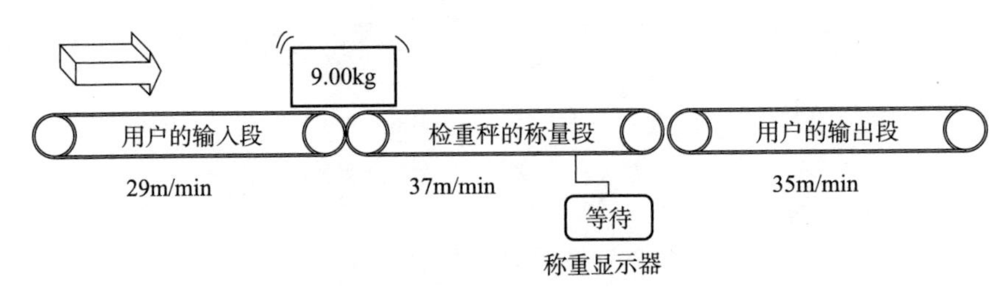

图 7-6　产品由输入段刚进入检重秤称量段将产生振动

图 7-7 为产品已完全进入检重秤称量段，但振动仍会继续，从而影响称重传感器的准确称重，称重指示器的显示值（9.09kg）明显大于其实际重量值（9.00kg）。

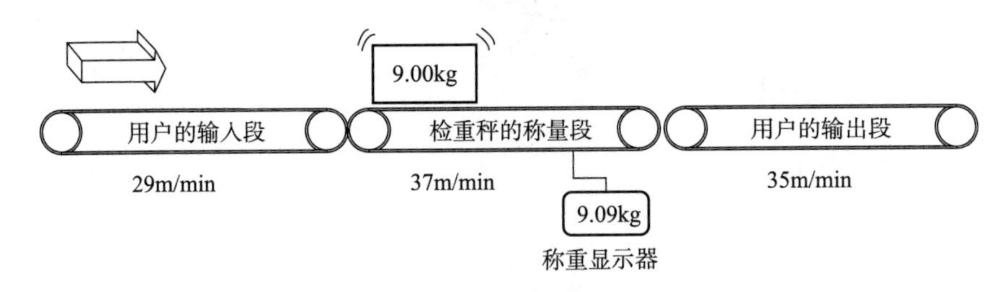

图 7-7　产品进入检重秤称量段后振动明显

图 7-8 为产品已进入检重秤称量段的中部，振动逐渐变小，但对称重传感器的准确称重仍有影响，称重指示器的显示值（9.05kg）稍大于其实际重量值（9.00kg）。

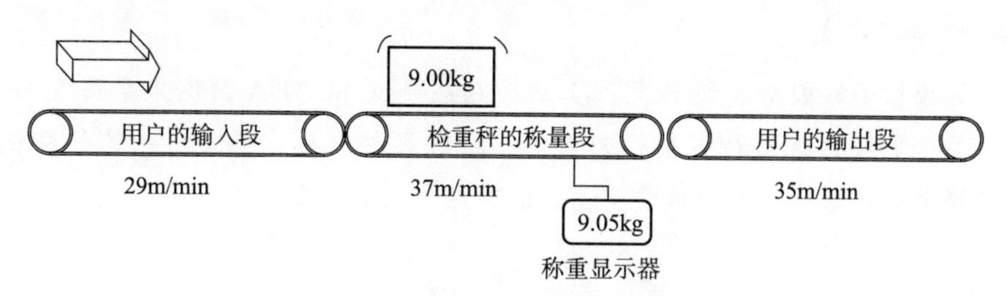

图 7-8 产品在检重秤称量段的中部仍在振动

图 7-9 为产品刚进入输出段时，检重秤称量段与输出段之间皮带速度的差异使产品再次产生振动，对称重传感器的准确称重仍有影响，称重指示器的显示值（9.05kg）还是稍大于其实际重量值（9.00kg）。

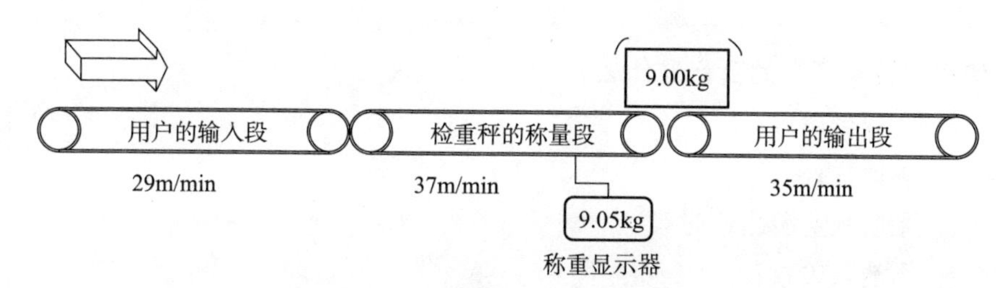

图 7-9 产品由检重秤称量段刚进入输出段时再次产生振动

图 7-10 为产品由检重秤称量段完全进入输出段时，微小的振动在检重秤上还是持续存在，对称重传感器的准确称重仍有影响，检重秤上没有产品，应该显示 0.00，但称重指示器的显示值 0.04kg，从而影响下一个产品的称重。

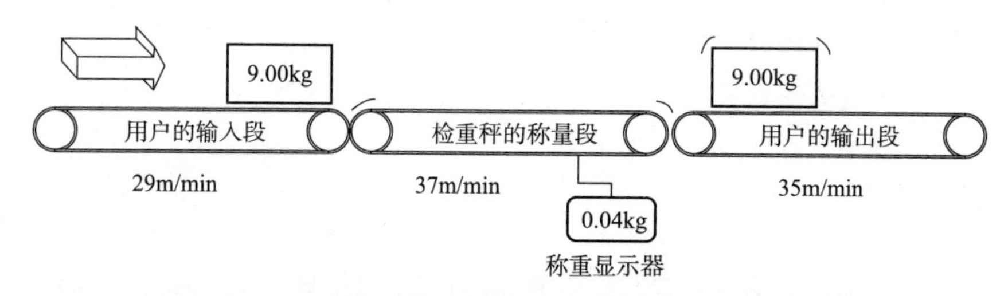

图 7-10 产品由检重秤称量段完全进入输出段时，微小的振动还是会传递到检重秤

所以最好的办法还是由检重秤的厂家配套提供输入段和输出段，以确保三条输送皮带机的输送速度绝对准确一致。

4. 数据集成

如果检重秤要集成到PLC、DCS控制系统或SCADA数据采集系统，必须对数据集成目标进行评估，如上位系统的硬件名称、需要传送哪些数据、通信是单向传输还是双向传输、通信的首选方式是什么。

第三节　检重秤订货数据表

为了帮助用户正确选购检重秤，有的厂家提供了订货数据表让用户填写。这样的数据表非常详细，应该说包括了选购检重秤所需的几乎所有信息。

使用“检重秤”的目标是什么?

□ 减少超重；

□ 计数；

□ 监视上游生产过程；

□ 消除欠重；

□ 充料过程最佳；

□ 检验；

□ 计量认证；

其他________。

组合检测解决方案能节省空间和时间吗?

检重秤需要结合:

□ 金属探测器；

□ X射线检查装置；

□ 视觉检查装置。

生产线类型:

□ 单一产品；

□ 各种产品的交替，每一种时间较长；

□ 各种产品的交替，间隔时间很短，即频繁对生产线进行产品转换的设置；

□ 有多少种不同的产品?

生产线上的产品信息

序号	说明/名称	运行方向的长度或直径mm	宽度/mm	高度/mm	重量/g	通过量件/分
1						
2						
3						
4						

产品的包装特性：

□ 敞开； □ 封闭；

□ 半固态（软）； □ 冷冻；

□ 液体； □ 未包装；

□ 盒； □ 扁平袋；

□ 罐头； □ 瓶；

□ 长方形硬底纸袋； □ 纸箱；

其他________。

产品的容器：

皮重（重量值）________；

皮重波动从________到________；

在输送过程中的容器的稳定性

□ 高 □ 低；

优选的输送机 皮带/输送装置________。

准确度：

产品重量偏差________；

所需的准确度________；

标准偏差________。

机械接口：

上游机械/设备：

通过量/（件/分）________；

时钟（步进运动）________；

产品中心间距________；

时钟（步进运动）；

产品运动方向的长度/mm________；

下游机械/设备：

通过量/（件/分）________；

产品运动方向的宽度/mm________；

时钟（步进运动）________。

充料过程反馈控制优化选项：

充料设备控制系统（例如，外部的多/少控制是通过脉冲宽度调制、控制电压上升/下降或其他方法）________；

超重/欠重的产品（充料机偏差）________；

超重/欠重的产品计数，当对充料进行校正时，产品数量和单个产品重量________。

环境条件：

安装地点：

☐ 底层； ☐ ________楼层；

☐ 底座上。

环境：

☐ 楼板振动； ☐ 强气流/气流；

☐ 大气尘埃； ☐ 极端温度；

☐ 高湿度； ☐ EX 区（ATEX）；

☐ 湿环境； ☐ HACCP；

其他________。

清洗条件：

☐ 喷淋水（IP54）； ☐ 喷射水（IP65）；

☐ 高压清洗（IP69k）； ☐ 特种洗涤剂；

其他________。

什么事发生/将发生什么事：

☐ 故障________；

☐ 紧急停车________；

☐ 启动检重秤________；

☐ 包装机启动前________；

其他说明________。

第四节 设计选型举例

一、例1

整个纸箱饮料称重，每个纸箱内装20瓶饮料，每瓶饮料为450g，允许误差为0～+5g，纸箱重1000g，整箱饮料重量范围为10.0kg～10.1kg。选用称量范围为1kg～10kg的检重秤，整箱重量设定上限位值为10.1kg，下限位值为10.0kg，当实际检测的整箱重量超过了设定的上下限值时，则可判断整箱内多装或少装，此时检重秤的剔除装置自动地将不合格的整箱饮料剔除出流水线。

二、例2

某药厂新上1条铝塑包装线，需采购检重秤，其设计条件为：药盒尺寸长100mm，宽60mm，高24mm；药盒内装2个铝塑板及说明书，铝塑板重2.0g，每块铝塑板装24颗药片，每颗药片重0.3g（片剂自身重量差小于3%），说明书重1.4g，药盒自身重5.2g，药盒和铝塑板重量的累计误差小于0.1g；包装通过量120件/分。要求能检测到漏装说明书或铝塑板，如有可能可检测漏装药片。

设计人员对用户的检测要求做了如下分析：每铝塑板装药后重量为：2.0g+0.3g×24=9.2g，2个铝塑板重量为2×9.2g=18.4g，说明书为1.4g，药盒自身重5.2g，合格产品每个药盒的重量为：

$$18.4g+1.4g+5.2g=25.0g$$

设计考虑产品重量为25g，在某公司产品范围中，可选1kg量程；项目对准确度要求较高，应选高准确度检重秤。

根据经验，在25g检重范围、120件/分包装通过量条件下，检重秤的准确度约为±（0.1g～0.2g）；因此检重秤可以检测出缺装药铝塑板（9.2g）和缺说明书（1.4g）的不合格产品，但对缺一片药（0.3g）的检测是有风险的[67]。

考虑产品长、宽、高三个方向的尺寸，应该尽量选用占用检重秤长度方向尺寸最短的通过方式。如图7-11（a）是让产品长度方向的尺寸落在检重秤的运行方向上，占用长度为100mm；图7-11（b）是让产品宽度方向的尺寸落在检重秤的运行方向上，占用长度为 60mm；图 7-11（c）是让产品高度方向的尺寸落在检重秤的运行方向上，占用长度为 24mm。占用检重秤的运行方向上尺寸最短可使数据采集时间延长，从而测量准确度较高，但缺点是产品重心高，输送时稳定性稍差。

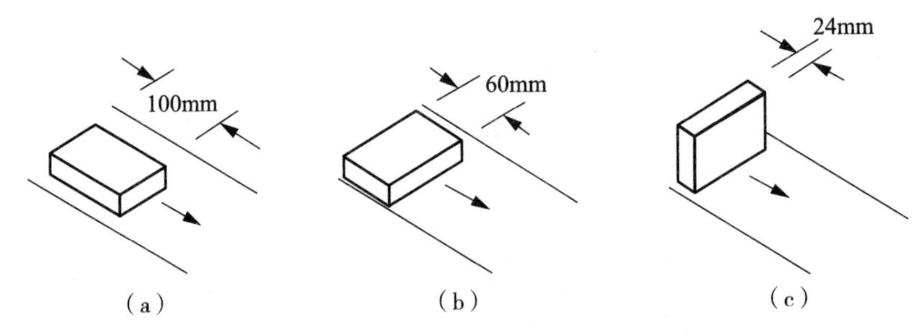

图 7-11　纸盒产品在检重秤上的定位图

如果产品长度方向落在检重秤的宽度方向上，而高度方向落在检重秤的运行方向上［如图 7-11（c）所示］，那么检重秤的宽度可选 150mm，承载器可选为 310mm×150mm；按 2 个药盒间距 350mm（药盒净距离为 350mm－24mm＝326mm，安全系数 k 大约是 1.05）考虑，生产线速度为 0.35m×120/min＝42m/min，实际选生产线速度 45m/min。

下面验算数据采集时间：

$$T_M = 60\text{s/min}\ (AA - L_P)/v = 60\text{s/min} \times (310\text{mm} - 24\text{mm})/45\text{m/min}$$
$$= 0.381\text{s} = 381\text{ms}$$

这个数据采集时间是大多数检重秤可以满足的要求。如果采用图 7-11（a）的产品定位方式，L_P＝100mm，计算结果为 T_M＝280ms，虽然一部分检重秤也能满足要求，但数据采集时间缩短了很多。

第八章　应用基础

第一节　检重秤的用途

检重秤用来检测产品的重量，那么，检测产品重量的目的是什么？

第一个用途也是最典型的用途是确保每一个产品离开生产线时，重量符合产品包装袋上标签重量的要求。比如食品包装产品，包装袋内食品的净重应符合包装袋上标签重量的要求。

第二个用途是分选。比如药材中的三七，其价格是按 500g 有多少头（个）来分级，头数越少药效越好，价格也就越高。表 8-1 为某段时间三七的分级价格。

表 8-1　三七分级价格

分级	价格/（元/kg）
20 头/500g	550
30 头/500g	380
40 头/500g	260
60 头/500g	220

以往全是人工挑选分级，分级不准且耗费劳力多，而用检重秤就可按要求准确分级。

第三个用途是利用包装的重量核查数量。比如大箱包装的纸烟，通常是 50 条一箱，但在条打包机生产流量较大或来料不够的情况下，箱打包机的工作可能出现缺 1～10 条烟的小概率故障，这称为缺条。通过检重秤核查可以及时发现并剔除缺条的烟箱。

第四个用途是利用包装的重量核查多种产品的混合包装中所有产品是否齐全。比如方便面的小包装袋里除了面饼外还要装几袋料包（如酱料包、干蔬菜包、盐味精包、油料包等），漏装现象常发生，可通过重量核查及时剔除漏充料包的方便面。再如笔记本电脑、手机、电视机等数码产品，包装箱中有很多零配件、说明书等需要随大件包装，但往往会出现遗漏现象，通过检重秤核查可以及时剔除缺失零配件的产品。

第五个用途是利用核查产品重量来发现产品的缺陷。比如汽车零部件有很多是锻造产品，如曲轴、连杆、凸轮轴、传动齿轮等关键锻件，要求不含气孔、杂质或其他瑕疵。由于这些产品的体积基本恒定，而存在气孔、杂质或其他瑕疵通常会造成重量误差，通过检重秤核查可以事先剔除不合格的锻件，获得安全性能稳定的产品。

检重秤的另一类用途是数据采集和统计，即大数据应用。当称重指示器与上位计算机系统通信时，可利用生产过程采集的大量数据，打印报表，实现生产过程效率监控。对带前级充装设备的包装流水线来说，可根据产品实际称重值的趋势进行充装量的反馈控制。如产品实际称重值的趋势是小于目标重量，就可以适当增加充装量，这也是产品质量控制的一个重要环节。

从这些用途来看，有直接利用称重来判别产品重量或进行产品分选的，也有间接利用称重来判别产品重量的。总之，随着检重秤在各行各业的广泛应用，其用途将越来越多。

第二节　检重秤在产品包装流水线上的应用

在产品包装流水线上，检重秤一般用在以下 4 个主要工序[46]：

——预包装前：产品重量在包装前验证，以确保满足质量和监管标准；

——一次包装后：一次包装后验证产品的重量，防止不合格一次包装产品进入下一个阶段；

——二次包装后：多个一次包装产品组合后验证产品的重量，防止不合格二次包装产品进入下一个阶段；

——装箱后：经过二次包装的产品（有一些只经过一次包装）将放在一个更大的纸箱里包装，以此作为产品最终出厂的基本包装，验证纸箱里产品的重量，以确保最终出厂包装产品的重量。

实际上，靠前工序检重秤的使用是为保证后续工序的产品质量打下基础，前一工序产品检验合格，可为后一工序合格率的提高打下基础，也减少了后续工序产品返工造成的损失。

对某些产品的生产过程来说，往往需要经历几次检重。以袋装牛奶为例，小包装（250mL、500mL）时要先检重一次，小包装装箱（如箱内装入500mL 的小包装 12 包）后，又要进行第二次检重。再如方便面的生产线中，面饼、料包应分别经过第一次检重；面饼加上几种料包（可能还有塑料勺）装进小塑料袋或小塑料碗后，应经过第二次检重；20 包小塑料袋或 12 包小塑料碗装进纸箱后，应经过第三次检重；有的小塑料袋方便面或许还会以 5 连包的方式在超市出售，这样可能会经历 4 次检重。图 8-1 是巧克力加工过程中 4 次检重的示意图，分别是单颗球形巧克力（残损检重）、三粒球形小包装巧克力、中包装巧克力纸盒和最终大包装巧克力纸箱。

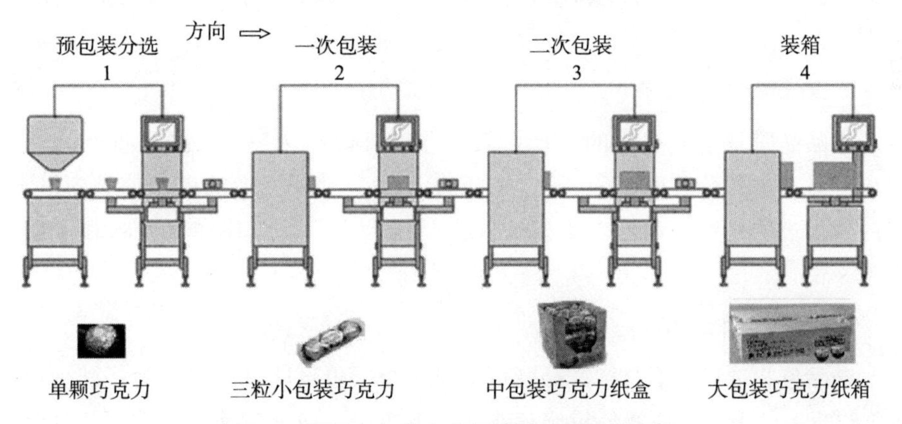

图 8-1　巧克力包装生产线检重称量点示意图

在这些工序里，检重秤可完成下述功能：

——产品按重量分区进行分选；

——检查包装产品的欠重、超重；

——确保预包装产品的净含量合乎要求；

——在多件同一产品包装箱里检查瓶、袋、罐头、盒等数量是否足够；

——对由不同产品组合的包装检查是否缺少某些产品；

——检查大包装里的小包装缺失，如日用电器产品包装箱中有无部件、安装件、说明书等产品漏装。

第三节　检重秤的应用效益

很多衡器在应用后往往要评估其应用效益。大多数检重秤应用后，只要把检重秤用好并认真总结，效益常常是显而易见的。使用检重秤的效益可以列出以下几点：

1. 检验100%的商品

相对于静态秤手动抽样检查，检重秤可以实现100%商品的重量检验，再加上剔除系统配合，可以实现出厂产品的全合格。

2. 保护客户和消费者的利益

各国法律均明确了生产商提供商品的平均重量不能小于包装的标签重量。商品欠重，即商品的净含量小于标签重量，将损害客户和最终消费者的利益，可能使零售商或客户与制造商产生矛盾。商品的管理方可以对出现商品的净含量小于标签重量的制造商给予警告、罚款或其他法律规定的处罚。

3. 品牌和信誉的保护

产品品牌是企业重要的资产，需要严格管理和保护。买到欠重产品的消费者将对制造商及其商品的品牌产生负面印象，造成企业品牌和信誉的损害。好的信得过的品牌是消费者重复购买商品的动力，企业往往将品牌和信誉放在第一位。

4. 减少溢装成本

产品包装过程中不合格产品既可能是欠重，也可能是超重。为了减少产品可能出现的欠重，往往要使设定值高于标签重量。而通过使用检重秤，可使商品超重部分减至合理区间。产品重量超过标签重量的这一部分常常称为溢装(giveaway)，厂家要为产品溢装付出成本。如某种饮料每瓶标签重量为500g，成本4元，实际充料时超过500g的部分则为溢装。假设每瓶的溢装量以5g计，如果其中1g溢装是合理的，另外超出的4g则是过分的溢装，是不合理的。那么以饮料包装整箱装20瓶饮料计算，则每箱不合理的溢装量为80g，价值0.64元。如1台检重秤通过量为60件/分，1年按330天、每天按8h计，则年通过量950万箱，不合理的溢装量价值就达608万元/年。

第四节　通常用检重秤称重的产品

检重秤几乎可以用来称量任何生产线的产品。现有检重秤的称量范围可以从低于0.5g到120kg，实际可称量的范围还要大。比如对0.5g的称量范围，实际可称量低至1mg的产品，而大于120kg的产品称重，技术上没有任何问题，只是看是否需要大量程的检重秤。

检重秤应用的典型例子见表8-2。

表 8-2 应用检重秤称重的行业和典型产品

分类		检重对象
食品	肉制品	肉块、碎肉、汉堡、火腿肠、鸡翅、鸡腿、香肠、罐头等
	水产品	鱼、鳕鱼子、生蚝、虾、扇贝、螃蟹、海苔、海参等
	零食	巧克力、饼干、糖果、冰激凌、炒货、坚果、土豆片等
	糕点	面包、饼干、面团等
	蔬菜	加工蔬菜、豆芽、芋类、菌菇、酱菜、番茄等
	水果	苹果、柑橘、大枣、杧果、猕猴桃等
	调味料	味精、酱油、醋、盐、糖等
	粮食	米、面条、杂粮、方便面等
	饮料	瓶装饮料、袋装饮料、听装饮料等
	乳制品	牛奶、酸奶、芝士、奶粉等
医药品		片剂、药丸、颗粒、冷却贴、药剂、药瓶、注射器套装、点滴袋、喷雾剂等
工业制品		汽车部件、自行车部件、电池、轴承、电线、橡皮、铸造件、香烟、电器产品、金刚石、润滑油、电路板、工具箱套件等
化学制品		袋装塑料、桶装油漆、袋装化肥等
化妆品		洗面奶、洗发护发剂、剃须膏、香水、润肤霜等
纸制品		尿布、生理用品、纸巾、吸油纸、书、抽纸等
布制品		内衣、毛巾、窗帘、衣服、帽子、羽绒服等
日用品		牙膏、洗衣粉等
物流		包裹、纸箱、信件等
其他		玩具套件、纸币、硬币、高尔夫球、子弹、冰等

第九章　应用环境

第一节　概　述

首先应着重考虑产品的应用环境是否满足需求，比如湿度、温度变化，过度振动，强干扰，空气粉尘等一系列因素都将影响检重秤的称重准确度和效率。由于检重秤是一种由厂家提供的独立设备，相对来说设施齐全的检重秤系统可能会比别的系统性能更好，它可以在极端的环境中可靠运行。但是，操作条件较差的应用环境，如空气中湿度和粉尘含量高，湿气、尘粒会进入设备，经过长期积累会损坏传送带、称重传感器和转动机械装置，从而缩短检重秤的使用寿命。为了消除此类现象，应该根据应用环境条件，选择一些特殊的检重设备，如带有密封外壳、防护等级高的检重秤产品。这样可以有效避免水分和尘粒的进入，保护内部的精密元件免受损坏，避免设备提前老化。

对于称重准确度要求较高（毫克级）的场合，对应用环境的条件要求更高，一定注意不要让检重秤周围发生不必要的振动或空气流动，甚至连员工快速通过导致的空气流动及振动都会影响敏感的检重秤运行，还可能导致测量产生较大误差。

第二节　应用环境条件要点

影响检重秤称重准确度和效率的环境条件主要有：温度、粉尘、振动、空气流、电气干扰、被称产品的特性、潮湿和设备清洗、爆炸危险场所等。

对于特定环境所需要的是什么类型的检重秤，要得到最佳解决方案应咨询检重秤的供应商。

一、温度

在任何应用中，检重秤周围的环境空气温度不应超过 55℃。在检重秤上的物料是与所有电子组件隔离的，所以允许输送温度比环境温度更高的物料。典型的检重秤可以输送温度 100℃的物料，采取特殊措施后，也有可能输送温度 200℃的物料。

极端温度过高和温度波动大会影响称重性能，例如环境温度每天变化超过 10℃的波动及冷冻冷藏产品或加热产品的称重。非常冷或非常热的产品可能需要使用特殊材质的皮带。极端温度或温度波动大可能产生冷凝，在这种情况下，有必要用绝缘和密封材料增强检重秤的抗冷凝能力，以保护接线盒、控制器、电机和称重传感器。

电磁力恢复式称重传感器是温度稳定型的，它对温度变化不敏感。相对来说，电阻应变式称重传感器受温度变化影响较大一点，这一变化将导致称重的准确度下降。采用自动置零的检重秤则可减少温度变化对称重性能的影响。

二、粉尘

对直接邻近检重秤的粉尘，采用称重部分隔离是可行的，或者采取措施保持检重秤周围生产区环境的洁净。

粉尘落在称重部分使检重秤的零点偏移，如果粉尘连续下落到输送机或平台上，检重秤就需要持续置零。

三、振动

任何振动将使检重秤产生噪声信号，使称重性能恶化。产生振动的原因可能是附近运行的机械设备或料斗，也有可能是检重秤与前后输送机产生接触。虽然检重秤使用特殊的软件会自动对外部的振动干扰滤波，但有一部分振动是高能量、低频率，很难通过滤波完全消除。

四、空气流

对称量范围很小的检重秤，由于灵敏度高，从各个方向来的空气流都会影响检重秤的显示值，所以要避免检重秤周围的空气流动，甚至连人快速走动或在称重部分伸手过来都可能造成重量显示值的波动。屏蔽罩可以屏蔽空气流，必要时应该采用。

五、电气干扰

电气干扰，如静电放电（ESD）、电磁干扰（EMI）和射频干扰（RFI）都可能影响检重秤的显示值。

射频干扰可能由手机、对讲机以及其他电子设备使用无线电信号引起。如果没有适当的屏蔽，在检重秤外壳里的变频器和其他部件，也会对敏感的称重和数据处理电路产生不利的影响。

静电积聚在检重秤可以导致明显快速的重量值上升，静电积聚可通过机械本身或产品通过称量段引起，抗静电防护罩应该用于非常敏感的应用。

六、被称产品的特性

检重秤适用的理想产品是重心低的密封包装，当输送时，产品包装不变形、不移动、不晃动、不泄漏。如果产品包装在检重秤称重时移动、变形、晃动，称重传感器就不能达到稳定的测量状态，将产生较大称量误差（见图 9-1）[45]。

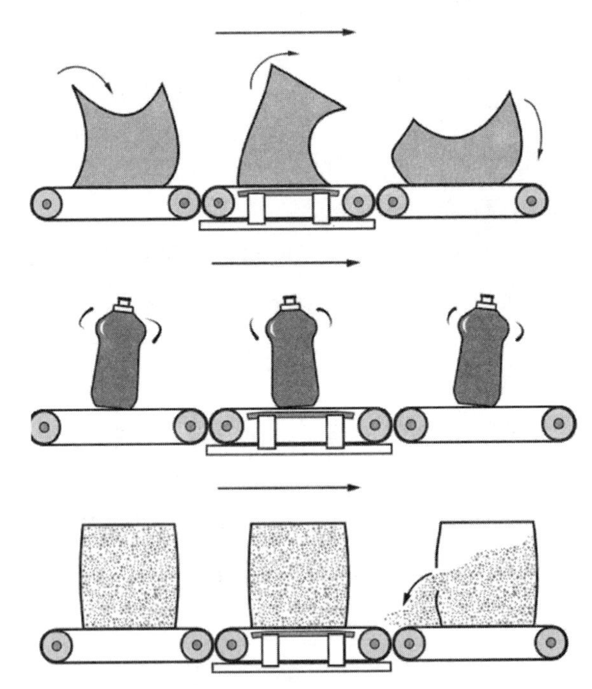

图 9-1　输送时产品包装变形、移动、晃动、泄漏将产生较大称量误差

输送时产品包装不泄漏应该是一个基本要求，泄漏出来的产品留在检重秤上未能及时清除将产生称量误差。如果产品具有黏附性，黏附在皮带上很难清除，影响将更大。如果产品具有腐蚀性，如含盐或含氯化物，可能对设备产生腐蚀，从而降低称重传感器和其他组件的性能。这时应考虑与产品接触材料的防腐性能，如机械结构采用防护涂层或不锈钢材质、称重传感器采用防护等级 IP68＋的 304 型或 316 型不锈钢材质、齿轮减速器和电机的保护采用环氧漆高效涂层等。

七、潮湿环境和设备清洗

潮湿环境包括检重秤生产线附近湿气过重或产品表面有冷凝液。设备清洗是指检重秤整体需要定期用压力水冲洗。因此需要考虑灰尘和水渗入的防护。这样的环境条件需要考虑一下防护措施：检重秤和称重传感器的结构应该是不锈钢；称重传感器的相应防护等级应该是 IP64、IP65、IP67、IP69；地面应采用防滑地面，设排水孔。

八、爆炸和火灾危险场所

爆炸和火灾危险场所是指包含爆炸性气体、蒸气、粉尘或存在可燃液体、可燃性粉尘引起爆炸、火灾危险的任何空间。在爆炸和火灾危险场所的区域分类资料中，任何行业都可以查找到特定场合所属的分类类别。如果检重秤的应用环境属于爆炸和火灾危险场所的某一具体区域分类，则需根据这一要求选用相应爆炸和火灾危险场所防护等级的检重秤产品。

第三节 创造良好的应用环境

检重秤准确度差最常见的原因是一些不良的操作习惯。在检重秤周围工作的员工常常会在不知不觉中损害检重秤，例如：

——踩在检重秤上；

——过度拧紧螺栓，给称重传感器造成过大的扭矩；

——扭转秤体和不当清洗检重秤。

为创造良好的操作环境，应做好以下工作：

——对与检重秤接触的所有人员，包括操作人员，机械、维修、清洁人员和制造工程师，确保他们接受过系统的基础训练；

——选用适应环境的检重秤结构；

——选用适应环境的称重传感器；

——提供一个“清洁”电源，对线路的电压峰值提供保护；

——减少落到检重秤上的粉尘；
——制定服务和维护计划；
——进行日常维护和预防性维护；
——按照说明书要求清洗检重秤；
——保持工作区域清洁。

第十章　典型应用案例

检重秤有多种用途，以下分别从用于产品重量合格检验和产品分选两种用途介绍应用案例。

第一节　重量合格检验

一、药片检重

辉瑞制药大连工厂生产阿奇霉素（希舒美）片，这种药是全球同类药品中销量最大的口服抗生素。2006 年，该厂采购了赛默飞世尔科技公司的 Versa RX 检重秤，是中国率先在小袋药品生产线上配备检重秤的企业。Versa RX 检重秤采用独特的松带输送机，可在通过量 300 件/分～500 件/分的高速度下，对每小袋阿奇霉素片的检重准确度达到 0.1g，可检测出漏装药片、说明书或药片残缺，也可检测出多装药片、说明书。在对药片检重的同时，还对外包装盒盖是否封好进行检测。Versa RX 检重秤具有优异的稳定性，错误剔除的概率很低，能够长期保持“高度警觉”，确保检测的准确度，因而获得用户的好评和青睐[68]。

二、粘贴膏药检重

瑞士公司阿西诺（Acino）制药公司生产粘贴膏药等药品，是欧洲第二大粘贴膏药生产商。每包膏药需以称重方式做完整性检查，设备采用了梅特勒-托利多公司的 XS2 检重秤。产品的标称重量在 5g～600g 之间，通过量 32 件/分，称重准确度为 1g，欠量和超重的产品可使用气喷式剔除装置从生产线上剔除。控制器带 15in（38cm）触摸屏，存储器中可储存 200 个不同产品包装的设定数据，产品的重量分区可多达 7 个。

在产品的最后包装区域，包装箱内将装满一定数量的粘贴膏药包，此后需要做包装箱的完整性检查，设备采用了梅特勒-托利多公司 XE40 检重秤（见图 10-1）。产品的标称重量为 40kg，通过量 100 件/分，称重准确度 5g，控制器带 7in（18cm）触摸屏，存储器中可储存 100 个不同产品的设定数据。如果 XE40 检测到包装箱太重或太轻，它使用喇叭发出声音警报信号，由人工将包装箱手动从生产线剔除[69]。

图 10-1　装满粘贴膏药包的纸箱采用 XE40 检重秤做包装完整性检查

三、袋装土豆检重

用于零售商店销售的 2.27kg 重量袋装土豆，包装工必须确保 100％袋装土豆重量至少 2.27kg，任何少于 2.27kg 的袋装土豆不能销售。包装工只好将土豆包装机的土豆充装量设置在 2.50kg～2.72kg 之间，以确保袋装土豆重量符合要求。

AP 数据称重（AP Dataweight）公司将 CW 检重秤用在土豆包装机后对 100％的袋装土豆进行称重。包装机的包装重量设置在 2.29kg～2.36kg 之间。重量不足的包装被剔除，手工重新包装后再次通过检重秤称重。

检重秤设备投资 2 万美元，运行一年期间，因溢装量减少了 15％，节省因溢装土豆量的价值达到 15 万美元，投资回报天数为 49 天[70]。

四、长棍面包检重

在德国盖伯塞的麦巴克（M-Back）工厂每年生产超过 2 亿个冷冻烘焙食

品，如长棍面包每天生产约80万根。采用梅特勒-托利多公司5套组合金属探测器的XS3CC检重秤方案，用于检查产品以确保它们重量合格和无任何金属污染物，不符合标准的产品将剔除。长棍面包通过量为160件/分，麦巴克工厂确保每一根长棍面包都经过检验（见图10-2）。然后多根长棍面包包装在一个大箱子里，采用梅特勒-托利多公司ICS4610-40检重秤对整箱重量做最终检验（见图10-3）。以上质量控制保证措施确保产品符合最高的质量和食品安全方面的要求，保护了麦巴克工厂优良的品牌信誉。使用了上述设备后，麦巴克工厂工作人员数由210人减少到45人[71]。

图10-2　单根长棍面包采用XS3CC组合检重秤检重

图10-3　多根长棍面包包装箱采用ICS4610-40检重秤整箱检重

五、聚乙烯包装袋检重

中国石油大庆石化分公司年产 20 万 t 高密度聚乙烯包装线配备了检重秤，称重输送机皮带宽度与原有输送机宽度保持一致，为 1200mm，称量范围 30kg，秤架由 1 台数字式称重传感器承重，实际称量物料为聚乙烯，包装 25kg/袋，国家标准规定计量允差为 250g，公司内控管理规定为 200g。配备检重秤后，每袋计量允差控制在 50g～100g，全年因此可多生产至少 800t 产品。按市场价计算，每年可多创收 300 万元以上，该厂还计划在尿素、聚丙烯、低密度聚乙烯包装线上推广应用检重秤[72]。

六、干贝包装袋检重

广东一家以生产干货为主的大型食品企业，年生产能力 6 万 t。干贝生产线有较为完整的 6 条定量包装生产线，不同重量规格的干贝小袋包装要由人工完成装箱。在这个环节难免会出现每箱少装或者多装的现象。作为并不便宜的干货产品，产品漏装带来客户投诉，多装又造成厂家损失。起初采用平台电子秤抽检方式，就是按品质管理办法每批货抽检若干箱进行重量检测，若无漏装、多装则全批货放过；若发现漏装、多装则整批货重新全检。这样加大了人工成本，影响了出货效率，而漏装、多装问题又没有得到根本解决，还是不能保证每一个干贝包装箱的重量都合格。通过使用深圳市杰曼科技股份有限公司的检重秤来完成产品重量的在线检测，在生产线上它将检测每一个干贝包装箱，自动剔除不合格的产品，从根本上解决了重量不合格产品出厂流入市场的问题。与此同时，检重秤利用数据自动采集功能，可以轻松准确地获得总产量、合格数、不合格数等关键数据，方便该厂进行数据分析和生产过程管理。随后半年的时间内该厂又追加了 5 台检重秤的订货[73]。

七、纯净水包装箱检重

怡宝集团生产的箱装纯净水以往用人工抽检的方式做整箱缺件检测，耗费了大量的人工成本，但不能保证百分之百的没有缺件。图 10-4 是选用珠海大航公司 DHCW-600 检重秤在瓶装纯净水整箱缺件检测生产线的示意图。待检测的瓶装纯净水包装箱从左向右通过生产线，首先在排序段排队等候；速度匹配段的主要功能是拉开包装箱之间的距离，调整送进称量段的瓶装纯净水包装箱的速度，速度既不能太快，让称量段同时进入两箱瓶装纯净水包装箱，速度又不能太慢，使单位时间通过的瓶装纯净水包装箱数量太少；称量段进行单箱称重，当光电开关检测到产品进入称量段时，动态称重系统会高速采集重量数据，离开称量段时，微处理器会快速处理这些重量数据并在称重指示器上显示出来；最后是剔除段，超重、欠重的纯净水包装箱分别剔除[74]。

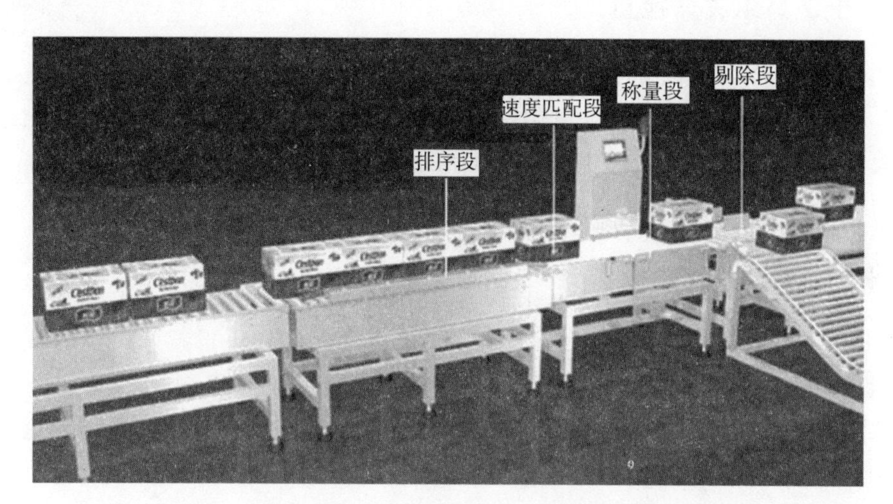

图 10-4　瓶装纯净水包装箱用检重秤进行整箱缺件检测

八、印制电路板检重

印制电路板（PCB）生产对铜箔用量和树脂原料用量都有严格的控制，某印制电路板生产厂 PCB 整板标准重量为 2000g±50g，高于 2050g 或者低于 1950g 均作为不合格产品，只有重量在规定范围内的产品才可以顺利通过检重并进行包装。以前采用人工在电子秤上称重的方法进行抽检，然而抽检并不能有效控制产品的合格率，仍然有超标的产品流入市场引起用户退换货。如果采用人工全检的方式，生产效率低，同时大大增加人工成本。印制电路板生产厂采用深圳市杰曼科技股份有限公司的检重秤作为印制电路板重量检测设备后，实现了产品重量全检，降低了人工成本，提高了生产过程的自动化程度[75]。

九、汽车刹车片检重

山东金麒麟汽车股份集团汽车零配件中刹车片的重量一般为几百克，公差需控制在 3g 以内。以往汽车零配件的重量检测是通过人工检测方式进行的，即在切割加工工序之后，由操作人员将成品进行手动称重，然后按照重量标准将部件进行分类。因为完全依靠人工操作，所以在重量分选过程中容易引起误差和不准确，而且效率也低，直接导致制造成本增加，并且使成品车质量存在隐患。后采用珠海大航公司 DHCW 检重秤，实现刹车片自动称重并剔除不合格产品[76]。

十、高尔夫球检重

为了符合美国高尔夫球协会（USGA）的要求——高尔夫球的重量为45.93g±30mg，高尔夫球以 160 件/分的速度通过检重秤，然后按称重结果（欠重、合格、超重）将高尔夫球分类输出[77]。

十一、奶酪检重

奶酪制作过程中需贮存在大型仓库熟化，所需的时间从几个月到半年以上不等。在熟化过程中，奶酪中的水分蒸发会导致重量减轻。奶酪成熟过程耗时越长，重量减轻越多。为控制最佳成熟度，以短则几天、长则 2 周为时间间隔对奶酪进行检重。检重秤检查每块奶酪的重量，检出的重量是奶酪熟化过程的测量指标。已熟化的奶酪送下一工序，尚未熟化的奶酪再返回仓库继续熟化。奶酪是直径约为 40cm 的大圆形块，重量为 12kg～20kg。通常将奶酪贮存在大木板上，每块木板上放有 3～5 块奶酪。需检重时，通过贮存容器运送这些奶酪到输送机上，然后在赛默飞世尔科技公司的 Versa AC9000Plus 检重秤上进行称重（见图 10-5）。称量范围为 7kg～50kg，分度值为 5g，通过量为 3300 件/时[78]。

图 10-5 奶酪采用 Versa AC9000Plus 检重秤检重

检重秤配有“Thermo link”奶酪数据采集软件，根据检重秤的统计数据记录每块奶酪的重量，并存储到在标准个人计算机上运行的SQL数据库中。具体批次的重量为工厂控制人员提供关于奶酪熟化过程控制的信息，在优化奶酪质量和成本管理过程中，对照批次重量信息是过程控制的关键部分[78]。

十二、银币坯料检重

一家纪念币供应商向市场供应1oz（约28.35g）的银币。法规要求任何硬币的重量都不能低于1oz，超过1oz的任何数量都不能向客户收取额外费用。3名技术人员随机手动称重样品。耗费劳力多且不准确，导致了大量的白银溢装。AP数据称重公司设计了1个银币坯料的高分辨力检重秤系统，在工厂验收试验期间，AP数据称重公司通过可重复的测试结果将银币坯料检重秤的准确度调整到0.05g。现在100%的银币坯料要通过测试，不合格的银币坯料（超重或欠重）被剔除后收集、熔化并重新铸造。

现在所有银币坯料由一名技术人员进行100%测试，劳动力每年节省6万美元；100%产出的银币都保证达到1oz重量，重量合格；先前的银币溢装造成的白银损失量减少到0.5%，每年可节省7万美元。项目投资3.2万美元，每年节省费用13万美元，89天后投资全部收回[79]。

第二节 重量分选

一、五花肉分选

国外某猪肉加工厂五花肉要切成块，然后按重量分拣，重量不合格的五花肉不能出厂。原有的五花肉分拣方法见图10-6。5名操作工从输送机上取下五花肉、在静态秤上称重，然后按重量把它们扔到分拣收集箱。输送机供给五花肉的速度为2000块/h，分摊到每个操作工是400块/h，这意味着每个操作者必须在9s的时间内从传送带上取下1块五花肉、称重并分类，以跟上输送机的速度。每块五花肉通常重约9kg，操作工要从输送机上取下来、称重并扔进分拣收集箱。而且由于速度快，劳动强度大，操作工很难自始至终集中精力，因此分拣容易出错[80]。

这样的操作过程很难收集五花肉的数量和每块肉的重量数据，工厂也没有办法知道重量合格的五花肉有多少块，合格品的总重量是多少，超重五花肉的超重值是多少。

工厂采用智能自动化的分拣工艺流程解决了这个问题。如图10-7所示，从

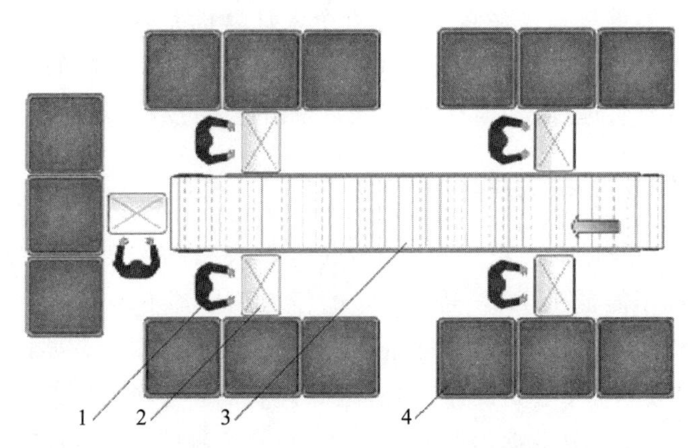

图 10-6 原有五花肉分拣工艺流程图

1—操作工；2—静态秤；3—五花肉输送机；4—分拣收集箱

输入段送进来的五花肉块先经过检重秤称重，然后进入由 6 台提升式输送机组成的分拣系统对五花肉块进行重量分拣。根据检重秤称重结果，控制器命令某台提升式输送机前端抬起，五花肉块就跌落到下方的分拣收集箱。分拣收集箱共有 7 个，按重量的分拣有 4 个分区：＜8.2kg、8.2kg～9.1kg、9.1kg～10kg、＞10kg。＜8.2kg 的五花肉块进入 1# 分拣收集箱；8.2kg～9.1kg 的五花肉块进入 2#、3# 分拣收集箱；9.1kg～10kg 的五花肉块进入 4#、5# 分拣收集箱；＞10kg 的五花肉块进入 6# 分拣收集箱；7# 分拣收集箱则用来收集凭操作工视觉观察有问题而没有排序的任何五花肉块。因合格品 8.2kg～9.1kg、9.1kg～10kg 的五花肉块数量多，所以设置了双分拣收集箱，以便当分拣收集箱装满发出信号需更换分拣收集箱时，控制器可指挥使用另一个分拣收集箱，从而系统可不停机继续生产[80]。

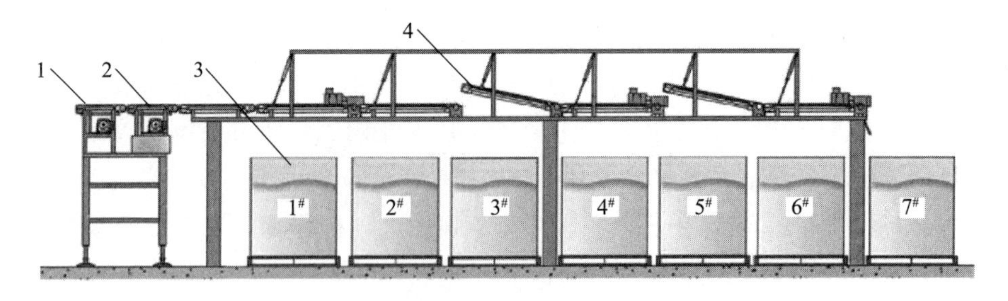

图 10-7 智能五花肉分拣工艺流程图

1—输入段；2—检重秤；3—分拣收集箱；4—提升式输送机

智能自动化的分拣工艺流程投运后，系统占用空间减少，操作只需一个人，节省了 4 个劳动力（操作工成本约 14 万美元～18 万美元），生产过程的所有数据可以统计出来用于指导生产，而且消除了人为的错误分拣，提高了出厂产品质量。

二、鸡翅分选

广东无穷食品有限公司生产的小包装鸡翅每袋 100g，合格重量标准是 100g±5g。食用鸡翅的重量一般在 20g～30g 之间，传统的生产方法是人工称重将大小不等的鸡翅进行分组，然后将 4 支装入 1 袋。但是鸡翅重量人工分组存在以下问题：人工称重工作量太大，人力资源成本很高；人工称重准确度不高；人工称重的称重结果无法准确统计，生产过程无法全面控制，可能造成不必要的返工和浪费；人工称重无法保证袋装鸡翅重量合格。

根据现有鸡翅的重量范围为 20g～30g，该公司使用了珠海大航公司的检重秤对鸡翅进行五级分选（原理示意见图 10-8），即 20g～22g、22g～24g、24g～26g、26g～28g、28g～30g，每一个等级相差 2g，这样工人就可以把已知重量的鸡翅，进行不同组合包装，如直接使用 4 个 24g～26g，或者使用 2 个 20g～22g 加上 2 个 28g～30g，或者使用 2 个 22g～24g 加上 2 个 26g～28g，或者使用 20g～22g、22g～24g、26g～28g、28g～30g 各一个，这些组合都能使小包装鸡翅产品的重量在合格重量 100g±5g 范围内[81]。

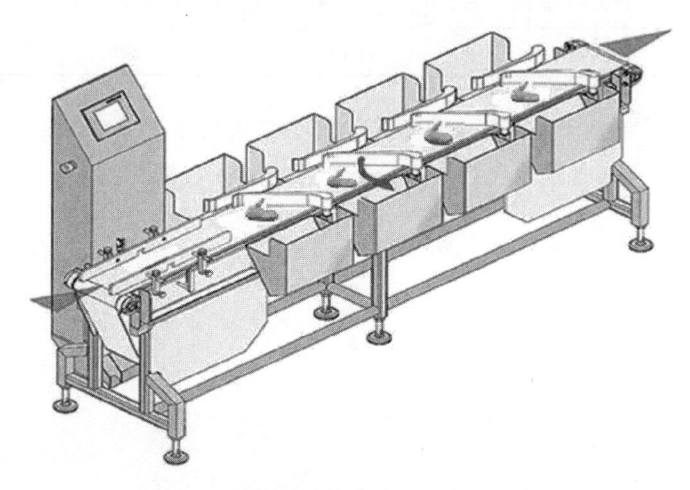

图 10-8 检重秤鸡翅分选工作原理示意图

使用检重秤分选鸡翅的好处是：无需人工称重，节省人力资源；有效控制成本，不会出现超重，增加产品利润；减少误差率，避免不必要的返工；全自动分选，大大提高了生产效率；确保客户利益不受影响，不会出现欠重的现象，有效保护了公司的形象。

三、海参分选

辽宁大连獐子岛集团股份有限公司是一家大型综合性海洋食品企业，引入珠海大航公司DHCW600检重秤对海参进行分选。一般情况下，海参的重量为几十克，可以按重量分选要求将产品分为12个重量级别，进行精准的在线自动称重分选。检重准确度高达0.05g，分选速度最高可达360件/分[82]。

四、螃蟹分选

礼盒装的螃蟹都是按重量和只数算的，每个礼盒内装入不同重量的公蟹、母蟹各4只，表10-1为不同礼盒套餐中公蟹和母蟹的重量要求。工人先快速地将公蟹、母蟹区分开来，分别放入不同的检重秤。检重秤根据设定好的值，可以高效精准地将螃蟹按不同重量区分开来，送入不同的收集箱内进入下一道工序[83]。

表10-1　礼盒包装的螃蟹分选要求及价格

礼盒包装	A套餐	B套餐	C套餐	D套餐	E套餐	F套餐
公蟹重/g	165～175	175～200	200～225	225～250	250～300	>300
母蟹重/g	110～125	125～150	150～165	165～180	180～200	>200
价格/元	488	788	1288	1688	2688	3688

由表10-1可见，按螃蟹大小分装的套餐最大价格差是7.5倍，正确分选不仅能保证质量，还能给包装厂家带来很大的经济效益。

第十一章　设定值和重量分区

对使用功能为分选秤的检重秤来说，按产品要求设置多个重量分区即可，如上一章鸡翅检重分选中的重量分区为：20g～22g、22g～24g、24g～26g、26g～28g、28g～30g。

而对使用功能为重量检验的检重秤来说，需要设定称重产品的目标重量值（target weight）、限位值（limit），从而得到重量分区（weight zone），以便按产品的称重值剔除不合格品。

第一节　目标重量值

包装上标注的重量是产品消费者用钱支付的数量，通常被称为标签重量，在正常情况下，目标重量值必须设置在等于或略高于标签重量，确保同一批产品的平均重量不低于标签重量，以达到相关法规对产品包装的要求。一批产品的平均重量超过标签重量部分的数量称为溢装，溢装是生产厂商多支付给用户的那一部分产品，所以溢装应尽可能减少。

目标重量值超过标签重量值的多少决定了产品的溢装数量，因此应慎重设定。如经过测试，加料装置产品包装的重量数据接近理想的正态分布，加料装置加料量变化不大，资料推荐可按标签重量（加产品皮重值）再加 2 倍检重秤的标准偏差来确定目标重量值，按此设定不合格产品的剔除率约在4.55%。如需要再降低剔除率，可适当设定更高的目标重量值。当目标重量值等于标签重量（加产品皮重值）再加 3 倍检重秤的标准偏差时，剔除率约0.27%。在实际应用过程中，如觉得目标重量值欠妥，还可根据现场情况在小范围内调整。

如果加料装置加料量的控制准确度高，加料量变化小，那么标准偏差值也小，目标重量值高于标签重量加产品皮重值的差值也越小。

第二节　限位值和重量分区

对三重量分区的检重秤功能来说，每一个产品都有上限值 TO1 和下限值 TU1 两个限位值。上限值和下限值将检重秤得到的所有称重数据值归类成 3 个重量分区：欠重区、合格区、超重区。低于下限值的欠重区和高于上限值的超重区产品均为不合格产品，通过检重秤后都将被剔除，而在上限值和下限值之间的合格区产品为合格产品（见图 11-1）。限位值设定需要遵守的规则是：

0＜TU1＜目标重量＜TO1＜检重秤最大量程

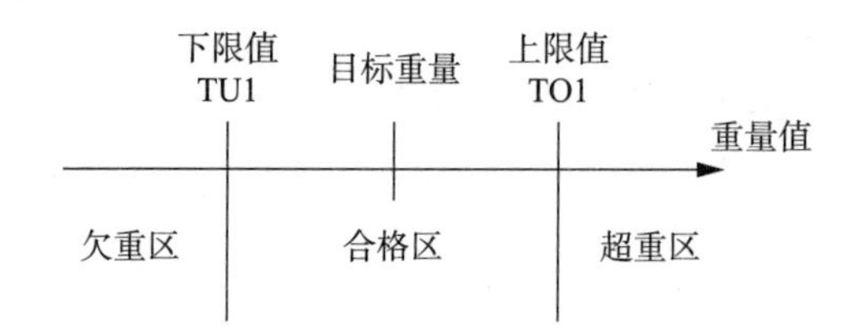

图 11-1　三重量分区的检重秤

检重秤还有五重量分区，共有 4 个限位值：上上限值 TO2、上限值 TO1、下限值 TU1 和下下限值 TU2，这 4 个限位值将检重秤得到的所有称重数据值归类成 5 个重量分区：欠重区、合格区-欠重区、合格区、合格区-超重区、超重区（见图 11-2）。低于下下限值的欠重区和高于上上限值的超重区产品均为不合格产品，通过检重秤后都将被剔除；中心区为合格区；与合格区相邻的上下两个区分别是合格-超重区、合格-欠重区，这两个区域的产品也算合格，但较为勉强，属报警区，要提醒操作者注意。其中列入合格-欠重区产品的数量有总量 2.5%的严格限制，当超过这一数量时，再进入合格-欠重区的产品将被剔除。限位值设定需要遵守的规则是：

0＜TU2＜TU1＜目标重量＜TO1＜TO2＜检重秤最大量程

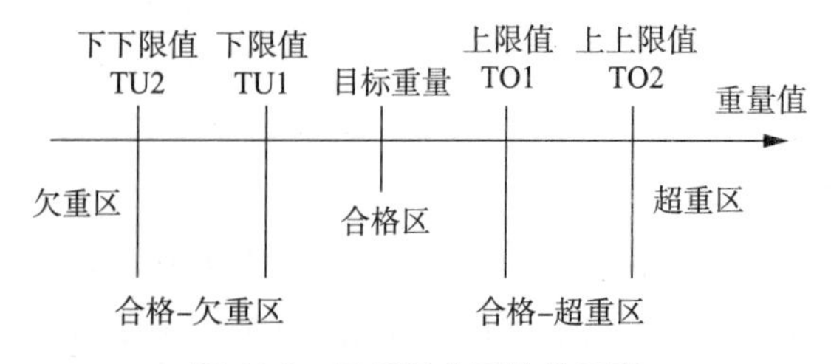

图 11-2　五重量分区的检重秤

一些检重秤在进行参数设置时，需在“设备类型”一栏下选择以下选项：

1）三重量分区检重秤-美国法规；

2）五重量分区检重秤-美国法规；

3）五重量分区检重秤-欧盟法规。

用户如果不考虑列入合格-欠重区的产品仍可保留一定数量（2.5%）而不被剔除，则可选三重量分区；如果选用五重量分区，可减少产品的剔除率，也可能减少溢装量。

选定后，即可按以下要求进行限位值的设定。

第三节 限位值的设定

限位值，是指由检重秤自动设定或由操作人员手动输入的称重值，它确定了重量分区的分界点。确定限位值是一个科学和符合逻辑的过程，以三重量分区为例，基本步骤如下：

1）由检重秤对同一产品多次检测得到重量数据；

2）依所得重量数据画出重量分布矩形图和曲线图；

3）由重量数据计算平均值和标准偏差；

4）按要求计算允差值，确定最佳的下限值；

5）确定最佳的目标重量值和上限值。

一、重量分布曲线

绘制重量分布曲线的基本步骤如下：

1）由检重秤对同一产品多次检测得到重量数据；

2）按初步目标重量值（如 454g）上下预定的间隔（比如 3g）分为若干个重量区（如 436g～439g、439g～442g、442g～445g、445g～448g…469g～472g）；

3）将重量数据归类到所属的重量区；

4）画出重量分布矩形图和曲线图（见图 11-3）。

图 11-3 的图形表明重量数据是围绕中心值出现集聚趋势，并呈钟形曲线，这称为正态曲线或高斯曲线，它对概括采样数据从而控制统计重量是有用的。因为只要求用 2 个参数（平均值和标准偏差 σ）就可以完全描述这条曲线，或者说，已经得到这条曲线，就可以求得采样数据的 2 个参数

（平均值和标准偏差 σ）。正态曲线中心点的重量值即为平均值；σ 可根据公式计算，所得的标准偏差表示了重量数据落在曲线上 2 点之间的概率。如果标准偏差取 1σ，重量数据落在曲线上平均值两侧 1σ 范围内的概率是 68.26％；如果标准偏差取 2σ，重量数据落在曲线上平均值两侧 2σ 范围内的概率是 95.45％；如果标准偏差取 3σ，重量数据落在曲线上平均值两侧 3σ 范围内的概率是 99.73％。

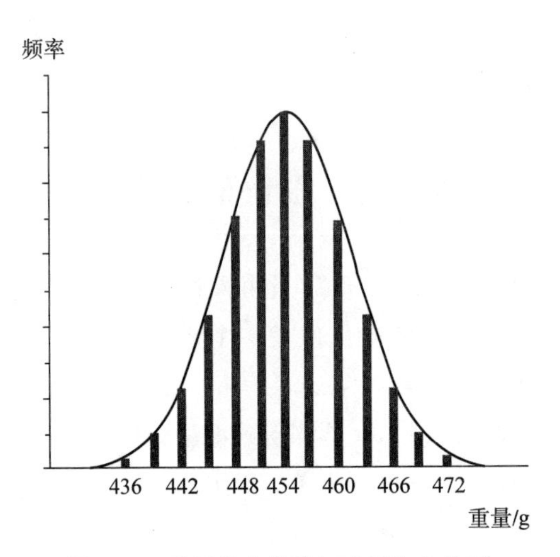

图 11-3 重量分布曲线矩形图和曲线图

标准偏差可以用来衡量重量数据的变化率，标准偏差越大，离开平均值远的数据越多，也表明加料装置加料量的变化大，加料的准确度低。图 11-4 中横坐标为重量值，纵坐标为重量分布密度，3 条重量分布曲线中，σ_1 值最小，该曲线重量数据靠近平均值密集分布，说明其数据变化率小，准确度高。反之，σ_3 值最大，该曲线重量数据远离平均值分布，说明其数据变化率大，准确度低。

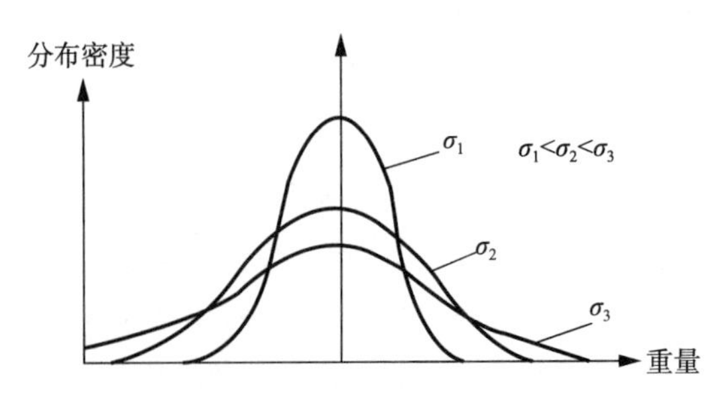

图 11-4 不同标准偏差值的重量分布曲线

二、允差值

得到平均值和标准偏差后，即可考虑产品允差值的要求。允差值指的是上限值和下限值之间的差值。允差值的提出应考虑与检重秤准确度的关系，假设允差值小，例如等于 2 倍检重秤的准确度（见图 11-5），则由于超重区限位值和欠重区限位值相邻，只有产品的检重值在这一点上会作为合格品输出，而不可能存在一个具有上限值和下限值构成的合格区域，或者说，因为合格区的上限值和下限值重合，合格区成为一个合格点了。因此，允差值应该是远大于检重秤准确度的 2 倍才合理，否则会导致过多的产品被剔除。

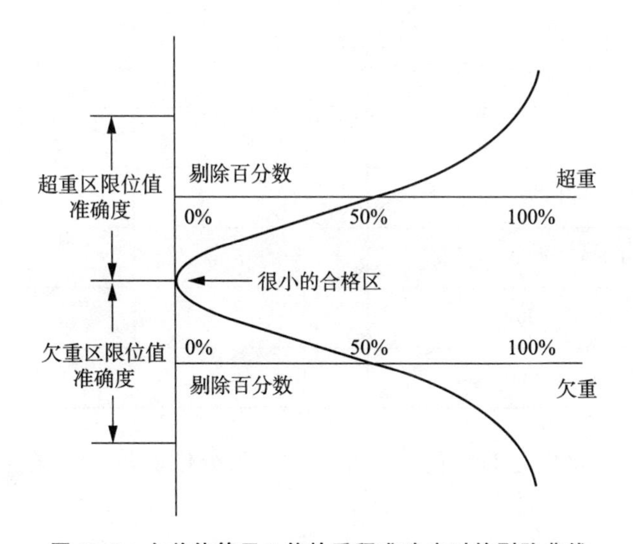

图 11-5 允差值等于 2 倍检重秤准确度时的剔除曲线

三、限位值

检重秤，特别是对作为商品在市场上出售的定量包装产品检重的，要进行三重量分区限位值和五重量分区限位值的设定。以下以五重量分区限位值为例说明。

1. 允许短缺量

根据 JJF 1070—2005《定量包装商品净含量计量检验规则》，定量包装商品净含量在批量检验时，虽然要求批量的平均实际含量应当等于或大于其标注净含量，但也允许少量产品出现短缺量，这称之为允许短缺量（见表 11-1）。以净含量 90g 的小包装为例，在批量的平均净重应当等于或大于 90g 的前提下，少数包装的净重只要大于 90－4.5＝85.5g 也算合格，这里的 4.5g 即为允许短缺量。

表 11-1　允许短缺量

质量定量包装商品标注净含量 Q_n/g	允许短缺量 T	
	Q_n 的百分比	g
0～50	9	
50～100		4.5
100～200	4.5	
200～300		9
300～500	3	
500～1000		15
1000～10000	1.5	
10000～15000		150
15000～50000	1	

检重秤的准确度越高，包装产品称重值的分散度越小，限位值可越靠近目标重量值。

世界各国对允许短缺量的规定大致相同，如欧盟的允许短缺量（Tolerable Negative Error，TNE）、加拿大的允许误差值（Limits of Error，LOE）、中国的允许短缺量、美国的最大允许误差（Maximum Allowable Variation，MAV）的规定等。但在某些方面还是有差别的，比如欧盟、加拿大、中国的规定中为五重量分区，在 TU1 限位值与 TU2 限位值之间属欠重产品，如果不超过总量的 2.5%，则仍可作为合格品。而美国没有这项规定，只要产品重量不大于 TU1 限位值，均属不合格品。正因为如此，当按欧盟、加拿大、中国的规定进行商品检重时，应按五重量分区进行设置，而按美国规定执行时，则可由用户选择三重量分区或五重量分区。

表 11-1 中的允许短缺量 T 对检重秤的准确度提出了要求。如果用标准偏

差 σ 来代替准确度（准确度=3σ）[16]，那么

按美国法规的要求：　　　　　$\sigma=T/9$

按欧盟法规的要求：　　　　　$\sigma=T/15$

举例如下：

标签重量：$Q_n=71$g，查表 11-1 允许短缺量 $T=4.5$g，则按美国法规的要求的标准偏差：

$$\sigma=T/9=4.5\text{g}/9=0.5\text{g}$$

按欧盟法规的要求的标准偏差：

$$\sigma=T/15=4.5\text{g}/15=0.3\text{g}$$

对标准偏差为 σ 的检重秤，存在一个 $\pm3\sigma$ 的模糊区（zone of indecision），或称为不确定区（zone of uncertainty）或灰区（gray zone）。例如某台检重秤的标准偏差 $\sigma=0.3$g，模糊区则为 ±0.9g。当对实际重量为 71g 的产品进行检重时，其显示重量值在 70.1g～71.9g 之间都将是正常的。

2. TU1 限位值

TU1 限位值是在合格区和合格-欠重区两个重量分区之间的分界线，重量高于 TU1 限位值的产品一般为合格品，但是产品批次的重量平均值必须大于或等于标签重量。资料中推荐 TU1 限位值是标签重量值减去表 11-1 所列出的允许短缺量[27]。

3. TU2 限位值

TU2 限位值是合格-欠重区和不合格区两个重量分区之间的分界线，重量低于 TU2 限位值的产品不能接受，重量高于 TU2 限位值的产品，如果按欧盟、加拿大、中国的规定，这部分产品的数量如果不超过总量的 2.5%，则仍可作为合格品。资料推荐 TU2 限位值是标签重量值减去表 11-1 所列允许短缺量的 2 倍[27]。

4. TO1、TO2 限位值

通常情况下，按 TU1、TU2 与目标重量值对称的方式确定 TO1、TO2 限位值，也有不设定该值，超重产品不剔除，也作为合格产品送到后续工序。

第四节　限位值设定方法

无论是三区限位值还是五区限位值，限位值设定主要是设定 TU1 限位

值。目前大体上有三种设定方法：按允许短缺量设定、按允差值设定、按现场运行情况设定。

一、按允许短缺量设定

按照被称重产品可接受的允许短缺量设定限位值，这种做法符合各国标准、法规、规则的要求。但限位值的设定一方面取决于法规的相应规定和检重秤的准确度，另一方面也与用户可接收的剔除率有关。

这种设定方法是在“标签重量”的基础上进行设定[24]，如 TU1 限位值按以下公式计算：

$$TU1=Q_n（标签重量）-T（允许短缺量）$$

而其余限位值按以下公式计算：

$$TU2=Q_n-2T$$

$$TO1=Q_n+T$$

$$TO2=Q_n+2T$$

欧盟规定：

1）整批产品的平均重量高于或等于 Q_n；

2）整批产品中没有一件产品的重量低于 Q_n-2T；

3）重量在 Q_n-T 到 Q_n-2T 之间的产品数最多不能高于整批产品总数的 2.5%。

以下是一个设定例：

对某粉状物的包装产品，检重秤与金属探测器组合使用，程序设定的目标重量值为“标签重量”值 200g，包装皮重 0g。

在图 11-6 的运行画面中，可以观察到以下设定数据和与实际操作有关的数据。设定数据有：目标重量值为 200g，TU2、TU1、TO1、TO2（这里上下限标注的代号与本书标注相反）分别为 218g、209g、191g、182g。可见 TU1、TO1 都是按目标重量值加或减允许短缺量 $T=9$g设定，而 TU2、TO2 都是按目标重量值加或减 2 倍允许短缺量设定，还设定有一批包装产品的数量为 820。与实际操作有关的数据有：当前最新检测到的产品重量为 200.4g，当前已检测到的批量包装产品平均重量为 201.1g，当前产品通过量为 178 件/分。在画面中间则是产品检重值的趋势图[84]。

但是这种设定办法还是存在一点缺陷：由于在限位值附近存在一个“不确定区”，比如这台检重秤的准确度在 $\pm3\sigma$ 时为 ±1g，那么实际重量

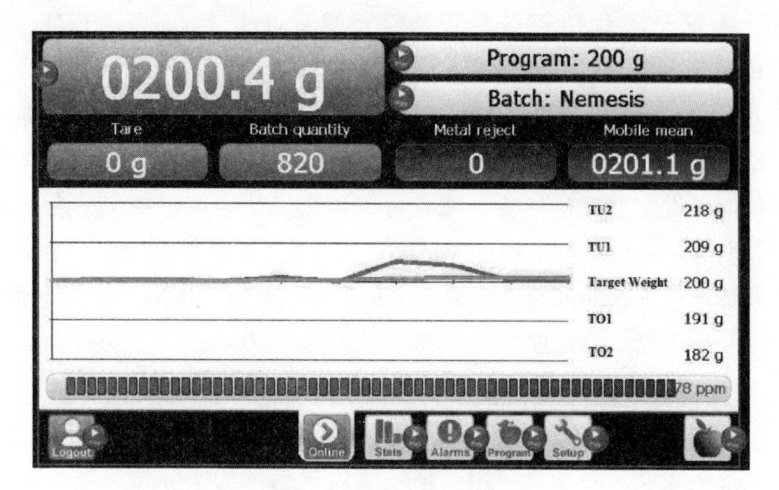

图 11-6　检重秤运行画面

为 191g 本该剔除的产品，因称重结果在 190.0g～192.0g 之间，将有约一半的可能性留在合格产品中。为此，可对限位值做出如下修正：将 TU1 限位值再加上 3σ（或 2σ）的准确度值。这样本例的 TU1 限位值 191＋1g（±3σ 准确度）＝192g，相应的 TU2、TO1、TO2 也分别调整为 183g、208g、217g。

这种设定方法目前应用较多，在一些检重秤的称重指示器上还可以依此进行自动设定，因为“目标重量”值用户已经设定，而 T（允许短缺量）可根据设定的“目标重量”值查找到，所以检重秤的称重指示器将会自动计算并显示限位值，这种计算还会考虑检重秤的准确度。

二、按允差值设定

如果用户提出的要求是允差值（合格产品重量变化范围），那么也可以按允差值来设定限位值。

如某产品的标签重量为 4.54g，其使用的检重秤条件为：允差值为：±0.16g;也可以表示为产品的合格重量范围为：4.38g＜合格品＜4.70g。

如果检重秤的准确度为 0.05g，这就意味着测量时存在一个“模糊区”，以显示值为 4.38g 为例，产品的真实重量位于 4.33g～4.43g 之间，那么这一个产品就有可能存在重量不合格的风险。为了实实在在保证产品重量合格，就必须将产品的合格重量范围调整为：4.43g＜合格品＜4.65g。

目标重量及限位值可分别设置为：目标重量：4.54g，TU1：4.43g，TO1：4.65g。

从上述按允差值设定过程可看出，允差值范围不应过窄，至少应该大于2倍检重秤的准确度，否则扣除检重秤的准确度后，产品的合格重量范围太小，限位值的设定就无法进行。或者可以这么说，当用户提出的允差值范围过窄时，所选用的检重秤准确度应该高。

一般情况检重秤的准确度至少应该是小于允差值范围的1/4，合理的检重秤准确度是小于允差值范围的1/8。

三、按现场运行情况设定

可先按上述设定办法设定限位值，然后根据现场实际情况进行调整。如重新设定目标重量值、各限位值。以下举几个例子：

【例1】某粉状物的包装袋标签净重值为454g，包装皮重10g，标签重量（毛重）值为464g。经过测试，加料装置加料454g的变化值为13g，产品包装的重量数据接近理想的正态分布，其平均重量值为477g，标准偏差为4g。由于平均重量值远超过包装袋的“标签重量”（毛重）值464g，溢装量13g偏大，故按“标签重量”（毛重）值加2倍标准偏差8g来确定目标重量值，即为464g+8g=472g，包装产品重量等于大于464g比例为97.73%，即2σ范围内的概率95.45%再加上余下比例的一半（超重、欠重各占一半）的2.28%，此时欠重部分为2.27%[77]。

确定了目标重量值，则马上可得到限位值：下限限位值TU1为464g。但考虑产品包装的平均重量值为472g，所以少部分产品包装欠重只要不超过规定的量值仍然是允许的。包装袋标签净重值为454g，查规定300g～500g的产品可允许短缺量为3%，即13.62g，所以可将下限限位值设定为462g，此时剔除率为0.62%。上限限位值TO1可按下限限位值与目标重量值的对称关系定为482g，也可根据剔除数量的百分比要求设定，当超重产品无须剔除时，也可不设定上限限位值。

【例2】某药品的目标重量值设置为820mg，检重秤的标准偏差为5.986mg，上下限限位值与目标重量值相差15mg（约等于2.5σ），即下限限位值TU1为805mg，上限限位值TO1为835mg。图11-7为检重秤运行打印报告，可看到本批次共通过产品数量为3905个，合格品为3859个，占总数的98.8%，无超重产品，欠重产品有46个，占总数的1.2%[85]。

Total Printing

	P01 ===	TOTAL	=========
			99.02.12--99.02.12
			17:15-- 17:16
批次	BATCH		3
名称	P.NAME		K-ZE 00
	LOT No		01213456789
总量	TOTAL		3905
欠重不合格%、数量	-NG	1.2%	46
合格品%、数量	PSSS	98.8%	3859
超重不合格品%、数量	+NG	0.0%	0
总重量	TOTAL W.		3190.6515g
平均值	MEAN	(X)	817.07mg
标准偏差	STAND D.	(S)	5.986mg
最大值	MAX		835.0mg
最小值	MIN		802.5mg
重量变化范围	RANGE	(R)	32.5mg
	CV		0.73%
目标重量	REF.V		820.0mg
超重限位值	+LIMIT		+15.0mg
欠重限位值	-LIMIT		-15.0mg
各分区数量	-NG		46
	-15.0***		304
	-11.0******		589
	-7.0**********		967
	-3.0**********		920
	+1.0*******		659
	+5.0***		307
	+13.0		9
	+NG		0

图 11-7 检重秤运行打印报告

【例 3】某产品目标重量值为 1203g，限位值设定为：TU1：1191g，TU2：1173g，TO1：1215g，TO2：1233g。查表 11-1 可知允许短缺量是产品净重的 1.5%，这大致是 1200g×0.015=18g，现在目标重量值与 TU1 相差 12g，远小于允许短缺量；而且目标重量值与 TU2 相差 30g，差值不是 TU1 差值两倍的关系；该检重秤的标准偏差值 σ 为 4.452g，3σ 约为 13.4g，也大于 12g。由此可见，限位值是按现场运行情况设定的。从图 11-8 中数据可见，剔除的产品数 13 占该批产品总数 212 的 6%，偏大了一点，而产品重量的平均值为 1204.16g，较为理想[86]。

四、缺件检重秤限位值设定

检重秤用于大包装中分件小包装或大包装中主件与零配件、说明书的缺件检测时，应分别列出包装箱总重及主件、零配件和说明书等所有产品的重量值及其变化范围，然后测试检重秤的准确度。同时对一个小包装或最轻产

设定值/g	1173.0 ▽	1191.0 ▽	1203.0 ▽	1215.0 ▽	1233.0 ▽

数量	0	7	74	125	4	2
重量/kg	0.0	8.3	88.8	150.9	4.9	2.6

	合格数	剔除数	总数
数量	199	13	212
重量/kg	239.6	15.8	255.4
标准偏差/g	4.452		
平均重量/g	1204.16		

图 11-8　检重秤运行画面

品的重量值有以下要求：应稍高于其他产品重量的变化值（如包装箱重量的变化值）；应稍高于检重秤的准确度。这样才能保证有效识别包括分件小包装或最轻产品在内的所有零配件、说明书的缺件，然后在此基础上设定限位值。

24 支纸盒装绿盒王老吉的整箱平均重量为 6.67kg，1 支小盒的净含量为 250g，加上小盒包装的重量为 270g，纸箱的重量为 190g，纸箱重量变化的范围远小于小盒包装的重量。通常 10kg 量程的检重秤准确度在 1.0g～5.0g，所以有效识别分件小包装没有问题。实际使用时，目标重量值设定为 6.67kg，上限值设置为 6.80kg，下限值设置为 6.54kg[87]。

第十二章　OIML R51 和 GB/T 27739—2011

第一节　OIML R51《自动分检衡器》

OIML R51《自动分检衡器》（Automatic Catchweighing Instruments）2006（E）（R51-1、R51-2）由国际法制计量组织（OIML）第9技术委员会第2分技术委员会（TC9/SC2）自动衡器工作组起草完成。R51《自动分检衡器》分为两部分：第一部分（R51-1）“计量要求和技术要求—试验”；第二部分（R51-2）“型式评价报告”。

OIML R51自1996年颁布以来的10年间，OIML TC9/SC2自动衡器工作组对其进行了多次修改。2006年在开普敦召开的第41届OIML大会上，通过了OIML R51-1：2006（E）国际建议的正式版本。

OIML R51：2006（E）将建议适用的衡器的范围扩大，包括以下五类衡器：

1）检重秤（checkweigher）；

2）标签秤（weigh labeller）；

3）价格标签秤（weigh-price labeller）；

4）车载式分检秤（vehicle mounted instrument）；

5）车辆组合分检秤（vehicle incorporated instrument）。

OIML R51将准确度等级按衡器的用途划分为两个基本类别：X类和Y类。X类仅适用于检重秤，用于对预包装产品进行重量检验。Y类用于其他所有自动分检衡器，例如计价贴标秤、邮包秤和货运秤以及许多被用来称量散状单一载荷的秤。一台衡器既可以按X类分级也可以按Y类分级。例如，一台衡器可以分别配置为两种独立的运行模式，使其既可用作检重秤，也可用作价格标签秤。

X类衡器这一基本类别可进一步划分为四个准确度等级：XⅠ，XⅡ，XⅢ和XⅣ。Y类衡器这一基本类别可进一步划分为四个准确度等级：Y（Ⅰ），

Y（Ⅱ），Y（a）和Y（b）。

第二节　GB/T 27739—2011《自动分检衡器》

我国于2011年12月30日发布GB/T 27739—2011《自动分检衡器》，2012年7月1日起实施。

该标准由轻工业联合会提出，由全国衡器标准化技术委员会（SAC/TC97）归口。

该标准使用重新起草法修改采用OIML R51：2006（E）。该标准规定了自动分检衡器的术语、产品型号、要求、检验方法和规则、标志、包装、运输和贮存，标准还为以溯源的方式评价自动分检衡器的计量特性或技术特性，为其提供标准化的要求和试验程序及表格。标准适用于对预包装分立载荷或散状的单一载荷进行称量的自动衡器。

标准共分十章。

第一章“范围”，介绍了标准的主要内容及适用对象。

第二章“规范性引用文件”，介绍了制定标准规范性引用的主要文件。

第三章“术语和定义”，介绍了适用于该标准的术语和定义，并划分成一般定义、结构、计量特性、示值和误差、影响量和参考条件、试验、计量器具控制等，列出了相关术语及其定义。

第四章“产品型号”，介绍了产品型号编制时建议执行的标准的编号。

第五章“计量要求”，按照国际建议，按衡器的用途将其划分为两个基本类别：X类和Y类。X类仅适用于符合国家《定量包装商品计量监督管理办法》的要求对预包装产品进行检验的检验衡器。Y类适用于其他所有自动检验秤，例如计价贴标秤、邮包秤和货运秤以及许多被用来称量散状单一载荷的秤。

X类衡器可进一步划分为四个准确度等级：XⅠ，XⅡ，XⅢ和XⅣ，Y类衡器可进一步划分为四个准确度等级：Y（Ⅰ），Y（Ⅱ），Y（a）和Y（b）。

第六章“技术要求”，介绍了对自动分检衡器使用的适用性、操作的安全性、称量结果指示、数字指示、打印和存储装置、置零和零点跟踪装置、除皮装置、预置皮重装置、多范围衡器的称量范围选择、不同的承载器、载荷传递装置与各种载荷测量装置间进行选择或切换的装置、检重秤或计价贴标秤等方面的技术要求。

第七章“电子衡器要求”，介绍了电子衡器的一般要求、功能要求、安全性能、称重传感器、制造、安装等内容。

第八章“试验方法”，介绍了自动运行试验、自动修正装置的状况、试验运行模式、电子衡器的试验等内容。

第九章“检验规则”，介绍了型式评价、型式评价要求、出厂检验等内容。

第十章“标志、包装、运输和贮存”，介绍了说明性标记、检定标记、包装标志、包装、运输和贮存等内容。

附录部分包括规范性附录A、B和资料性附录C、D。

规范性附录A为自动分检衡器试验方法，包括型式评价审查、出厂检验审查、试验的通用要求、试验程序、计量性能试验、影响因子和干扰试验及量程稳定性试验。

规范性附录B为自动分检衡器型式评价报告格式，包括型式评价报告格式说明、型式评价报告格式中的注释要求、有关型式的基本信息、衡器标识、型式评价所使用的试验设备、试验配置、型式评价摘要、X类衡器单个重量值的样品试验报告和Y类衡器单个重量值的样品试验报告。

资料性附录C列出该标准条款和OIML R51 2006（E）条款对照，资料性附录D列出该标准条款和OIML R51 2006（E）技术差异及其原因。

第十三章　相关的法规、标准

检重秤是产品质量控制体系的一个关键设备，它依据相关的国际计量法规、中国的计量法规对产品进行重量检验。因此我们需要对相关的国际计量法规、中国的计量法规有所了解，有时候还需了解相关行业的计量规定，才能使产品质量达到要求，既使客户放心，又能保护制造商的品牌。而在相关行业中，食品和药品行业是与检重秤关系最密切的行业。

第一节　相关的国际机构及计量法规

一、英国零售商协会

英国零售商协会（British Retail Consortium，BRC）是一个重要的国际性贸易协会，其成员包括大型的跨国连锁超市、百货商场、城镇店铺、网络卖场等各类零售商，产品涉及种类非常广泛。1998 年，英国零售商协会应行业需要，制定了 BRC 食品技术标准（BRC Food Technical Standard），这是对领先零售商的一个基本要求，用以评估零售商自有品牌食品的安全性，以保证质量、安全性和操作条件的标准化，并确保制造商履行法律义务和为终端消费者提供保护。目前，它已经成为国际公认的食品规范，不但可用于评估零售商品的供应商，同时许多公司以其为基础建立起自己的供应商评估体系及品牌产品生产的标准。

BRC 标准是一个领先的安全和质量认证程序，在 123 个国家有超过 21000 个经认证的供应商，所使用的认证通过全球网络认可的认证机构下达。

随着食品标准的广泛实行，BRC 还发布了其他全球性标准，如消费品标准（Consumer Product Standard）、食品包装标准（Food Packaging Standard）等。

二、美国食品药品监督管理局的 21 CFR Part 11

美国食品药品监督管理局（Federal Food & Drug Administration，FDA）的 21 CFR Part11 是指美国联邦管理法规第 21 章第 11 部分，这一标准的主要规定内容涉及存储和保护电子结果以及应用电子签名的相关法规规定，食品、医药制造行业多遵照该标准。自颁布以来已被推广至全球，虽然没有强制性，但被欧洲、亚洲各国和地区普遍接受和使用。

遵照该标准，可以保留整个生产过程中电子数据资料，以作为通过检验或者今后追溯的有效数据源。现在很多产品已经符合该标准规定，从而确保了电子数据的有效性、可靠性和电子签名应用的规范性，这样的产品才可以正常销往国际市场。

在赛默飞世尔科技公司的 Versa V312 称重指示器上，就有 21 CFR 的选项。如果选择这一功能，称重指示器就可以对检重秤在设置期间内发生的任何操作改变（如统计数据复位、运行产品改变、删除产品、产品校准、操作软件升级等）时记录数据并带电子签名，这样保存的电子数据可作为今后可溯源的有效数据源。

三、全球食品安全倡议

全球食品安全倡议（Global Food Safety Initiative，GFSI）是独立的非营利国际组织，由 70 多个国家的 650 余家世界领先的食品生产、零售企业和餐饮等供应链服务商组成，成立于 2000 年。它主张如果要从根本上解决食品安全问题，应通过标准比对、标准互认等措施，实现不同食品安全标准之间的全球趋同，提高食品供应的成本效率，为来自全球食品供应链的食品生产、零售企业、国际组织、学术界和政府部门提供合作平台。

全球食品安全倡议是一个产业驱动的倡议，主要目标是对必要的食品安全管理体系控制提供领导和指导，建立必要的食品安全计划，控制食品安全风险，切实保护消费者权益，增强消费者信任度，为全球消费者带来安全食品。

通过世界领先的食品安全专家与全球食品行业的零售、制造业、食品服务公司以及国际组织、政府、学术界和服务供应商之间的合作，推动食品安全工作。参与者在技术工作组和利益相关者会议、研讨会和地区活动中分享知识，促进以统一的方法来管理整个行业的食品安全。

全球食品安全倡议是由消费者论坛（CGF）进行行业网络管理的，消费者论坛是一个由其成员驱动的全球性组织。

四、国际食品标准

国际食品标准（International Food Standard，IFS）是由德国零售商联盟（HDE）和法国零售商和批发商联盟（FCD）共同制定的食品供应商质量体系审核标准，包含了对食品供应商的品质与安全卫生保证能力的考核要求，因此得到意大利零售联盟以及全世界90多个国家的广泛认可。

国际食品标准是一套通用的食品安全标准，是统一的用于衡量和选择供应商的评估体系，已成为审核零售商和批发商品牌食品的国际标准，它适用于任何对食品进行生产和加工的公司，包括离开农田后食品生产过程中各环节的供应商。该标准帮助零售商确保食品安全，并监控品牌食品生产商的质量水平。

这套标准的要求与质量管理体系和危害分析和关键控制点（HACCP）相关，其详尽的前提方案包括良好制造规范（GMP）、良好药品实验研究规范（GLP）和良好卫生规范（GHP）中的要求。国际食品标准符合国际食品商业论坛（CIES）为全球食品安全倡议制定的标准。

国际食品标准的主要内容包括：质量管理体系、管理职责、资源管理、产品实现过程及测量、分析和改进。

五、用于预包装产品净含量的德国称量与测量法则

用于预包装产品净含量的德国称量与测量法则（Fertig Packungs Ver Ordnung，FPVO）于2006年制定，是一项有关将货物预包装以防止消费者收到重量不足或“净含量不足”产品的法则，旨在保护消费者免受误导性包装设计（例如，内装少量产品的超大型外包装、内部容器很小的双壁化妆乳瓶）的影响。

六、危害分析和关键控制点

危害分析与关键控制点（Hazard Analysis and Critical Control Point，HACCP）是国际公认的结构化操作方法，利用HACCP结构制定流程，监测和控制各个生产步骤，帮助食品和饮料行业企业识别其食品安全风险，确定控制措施，以确保食品安全，满足法律法规要求。

危害分析与关键控制点体系起源于美国，是20世纪60年代专门针对预防控制食品生产加工中的安全卫生进行设计、开发的一种管理体系。可用于

食品生产和制备过程的所有阶段。处于食品供应链中的所有组织，不管其规模大小或位于何处，都可以运用HACCP体系。HACCP体系在很多国家和地区，包括美国和欧盟都是强制要求。

HACCP体系强调关键控制点的控制，在对所有潜在的、生物的、物理的、化学的危险性进行分析的基础上确定哪些是显著危险性，找出其中关键控制点，在食品生产中将精力集中在解决关键问题上，而不是面面俱到。

HACCP体系是一个应该认认真真进行实践—认识—再实践—再认识的过程，企业在制定HACCP体系计划后，要积极推行，认真实施，不断对其有效性进行验证，在实践中加以完善和提高。

七、计量器具指令

计量器具指令（Measuring Instruments Directive，MID）是欧洲议会和欧洲理事会的2004/22/EC指令，2006年10月30日生效。它对欧盟和欧洲自由贸易联盟的所有成员国有效，此外还包括列支敦士登、冰岛、挪威、瑞士。

计量器具指令是欧盟用来监督管理计量器具的法规，详细描述了包括检重秤在内的10种类型的计量器具（如加油机、长度计量器具、容积计量器具、水表、电表、燃气表等）在生产和调试时的步骤，确定了相应的技术要求、合格评估程序和该指令的执行期限。

计量器具指令是计量产品合格评定的重要法规，制造商如能通过产品合格评定，就能获得通行全欧洲的证书。因此，计量器具指令规范了欧盟计量器具的单一市场，消除了欧盟内部的贸易壁垒，更好地保护了消费者。

检重秤产品要进入欧盟市场，需符合计量器具指令。目前国内电表项目已经有制造商通过计量器具指令认证评审，可与计量器具指令相关单位合作开展检定工作，为国内企业产品进入欧盟提供技术支持。

对检重秤来说，计量器具指令唯一需要评估的是那些基于称重结果出售给客户以及终端消费者产品的检重秤。对于只实施完整性检测的检重秤无需进行评估，原因是它们仅用于计数，而不是用于称量个体产品。

八、其他

加拿大计量局（Measurement Canada，MC）是加拿大创新、科学和经济发展的一个机构，它负责确保销售测量货物的准确性、制定和执行有关测量准确度的法律、批准和检查测量设备、调查怀疑不准确测量的投诉。

美国国家标准与技术研究院（National Institute of Standards and Technology，NIST）直属美国商务部，从事测量技术和测试方法的研究，提供标准、标准参考数据、技术数据及有关服务，在国际上享有很高的声誉。美国国家标准与技术研究院发行规定称量与测量标准的 NIST 44 号手册，还发行了有关包装产品重量规定的 NIST 133 号手册。

第二节　相关的中国计量法规、标准

一、《定量包装商品计量监督管理办法》

国家质量监督检验检疫总局第 75 号《定量包装商品计量监督管理办法》于 2005 年 5 月 16 日经国家质量监督检验检疫总局局务会议审议通过，自 2006 年 1 月 1 日开始施行。

为了保护消费者、生产者、销售者的合法权益，规范定量包装商品的计量监督管理，制定了这一监督管理办法。在中华人民共和国境内生产、销售定量包装商品，应当遵守该办法，对定量包装商品实施计量监督管理。

二、JJF 1070—2005《定量包装商品净含量计量检验规则》等系列检验规则

JJF 1070—2005《定量包装商品净含量计量检验规则》是由国家质量监督检验检疫总局发布，自 2006 年 1 月 1 日开始实施的计量技术规范。该规范介绍了其产生的背景，对适用范围、定量包装商品净含量的计量要求及计量检定、抽样去皮的方法，以及各类定量包装商品净含量的检验方法做了规定。

JJF 1070.1—2011《定量包装商品净含量计量检验规则　肥皂》和 JJF 1070.2—2011《定量包装商品净含量计量检验规则　小麦粉》是 JJF 1070—2005 的补充，适用于相关产品净含量的计量监督检验和仲裁检验。

三、国家标准

各行各业的产品也有相应的规范，一方面遵循国家计量法规，另一方面也按行业特点做出了相应规定。如 GB 175—2007《通用硅酸盐水泥》的 10.1 规定：“水泥可以散装或袋装，袋装水泥每袋净含量为 50kg，且应不

少于标志质量的99%；随机抽取20袋总质量（含包装袋）应不少于1000kg。”GB/T 15063—2009《复混肥料（复合肥料）》中第8.1条规定：“包装规格为50.0kg、40.0kg、25.0kg、10.0kg，每袋净含量允许范围分别为（50±0.5）kg、（40±0.4）kg、（25±0.25）kg、（10±0.1）kg，每批产品平均每袋净含量不得低于50.0kg、40.0kg、25.0kg、10.0kg。”

第十四章　安装、投运和检验

第一节　安　装

一、培训

安装之前，检重秤供应商应在生产现场提供操作人员培训，操作人员经过充分培训并且具备资格后，可深入了解特定的检重秤系统，以配合安装，并确保快速、高效且安全地进行日常操作及维护，使检重秤获得长久的使用寿命。

二、安装要点

由于检重秤是以一台独立的单体设备供货，其安装要求相对简单，可参照以下要点安装：

1）在检重秤使用叉车运输时确保叉子不损坏称重传感器。

2）检重秤作为包装生产线的一个组成部分，通常会与其他设备集成到同一条生产线上，如包装机、金属检测机、X 射线检测装置、视觉检查装置、喷码机、贴标机、剔除装置等。因而需考虑按一定的逻辑顺序放置。

3）检重秤安装的地点应选择不会直接或间接受到振动和机械冲击的区域内。

4）检重秤安装的地点应选择在空气流动速度尽量低的区域内，如果需要可安装防风罩。

5）检重秤必须安装在平整地面的坚固平台上，并用螺栓牢固地将检重秤固定在地面上，以确保使用期间不发生移动、扭转或弯曲。

6）检重秤设备的前后连接点是输入段和输出段，相互紧靠但又留有间隙，检重秤不能与这些点有任何接触，应该是完全独立的。

7）检重秤需要在皮带或链传动侧留有空间，以清洗和更换输送机。也需要在对侧留有空间以便校准和清洗。

8）检重秤不应在有强电磁干扰源的附近安装。

9）如果检重秤安装在具有爆炸危险性的环境中，应确保检重秤结构中所有组件全部符合工业防爆危险区分类的特种保护装置要求。

10）与检重秤接触的所有的金属防护板和部件应可靠接地，电源插头应妥善接地，以确保操作人员的人身安全。

11）移动检重秤后再重新使用时，必须先进行置零操作，然后才可以进行产品检重。

三、安装后的检查

在安装结束后应启动检重秤并做如下检查：

1）传输带运行顺畅；

2）传输带居中；

3）与输入段和输出段的输送带无接触；

4）传输带速度符合显示值；

5）剔除装置运行正确；

6）光电开关运行正确；

7）称重传感器上无振动。

第二节　投　运

在设备安装就位后，需先进行以下投运工作：

1）在称重指示器上为检重秤设置操作参数；

2）标定系统输送机的速度；

3）标定承载器；

4）设置存储在称重指示器中的产品信息；

5）进行动态调整。

完成上述工作后，检重秤才能投入运行。由于不同检重秤的投运步骤、参数设置、标定、调整不尽相同，以下涉及投运的内容仅供参考。

一、在称重指示器上为检重秤设置操作参数

在安装好称重指示器后，须将一些数据输入仪表中，以使系统正常工作。

检重秤操作参数设置一般应包括以下内容：

1）设置检重秤及所用承载器的型号；
2）设置称重指示器用于计算的参数；
3）设置称重参数；
4）设置充料控制；
5）设置需打印的事项信息；
6）设置外部剔除控制系统的参数；
7）设置称重指示器的称重菜单；
8）设置多种产品方式；
9）设置剔除装置检查；
10）设置产品目标重量、重量分区、剔除时间等；
11）定义或修改口令；
12）设置输入或输出功能；
13）定义报警状态；
14）设置日期或时间；
15）设置语言。

二、标定系统输送机的速度

速度标定只需执行一次，标定包括通过转速表测量线性皮带速度并输入校正值。

三、标定承载器

当首次启动设备时，须执行几个标定过程：静态标定、盲区测试、皮重标定。

静态标定需采用标准砝码，砝码的重量应低于最大量程值，例如最大量程的80%，砝码需经过检定并在其有效期内。如果被检重产品单一，重量相近，应参照产品重量配备相应重量的砝码。静态标定时，将砝码安放在承载器中心，送入砝码的重量值后，即可自动完成静态标定。静态标定只需执行一次，其结果就可以通用于所有运行产品。

在工厂完成安装后初次投运时，应进行这样的静态标定。在此之后。只有当硬件称重性能发生改变（如称重传感器、电机、承载器更换），才必须执行静态标定。

“盲区”表示检重秤系统的动态称重准确度。盲区测试就是通过对同一件包装进行反复称量并分析其结果，以及通过测量框架的机械噪声来评估检重秤称重过程和重复性。

皮重标定是一种可选的确定产品皮重（空包装）的方法，可为每一种产品执行这一标定过程，以便适应各产品的特性。

四、设置存储在称重指示器中的产品信息

在检重秤的产品内存中可存储多种产品如30种、100种甚至400种产品的信息，这样就可以先定义好不同产品的参数值，实际应用时只需在产品间进行切换，而不需重新定义这些参数。

五、进行动态调整

每种产品都要进行动态调整，以使检重秤适用于各产品的特性。调整结果可以保存作为称重过程中需用的参数值。

每种产品都须执行动态调整，以便对检重秤进行调整，使其适用于各种产品。此功能可设置过滤器和平均时间用于获取重量结果，还可设置零点和量程的修正常数。

在动态调整之前还需做静态标定和速度标定。

静态标定取得皮重常数，以便修正静态零点；再将用于标定的包装放在承载器上，获取静态量程点。

启动输送机，使空秤自由运行，将输送机空秤运行一整圈时的平均重量值作为动态零点；再以一定次数将同一件包装反复通过承载器称量，分析其结果，得到检重秤的标准偏差和准确度。

待所有产品都设置好，而且系统已为每件产品标定好后，才可使检重秤控制器投入运行。

第三节　检　验

一、日常检验

在确认已通电预热一段时间（例如15min）后，可启动检重秤的输送机空载运行，操作相应键盘，发出指令进行零点调整。清空承载器并观察称重显示器的显示值是否为零，如不是零，可手动置零。

随后可用产品进行测试，首先将产品放在承载器中心，读取显示值，然后启动检重秤的输送机进入到动态测试，让产品通过承载器，产品动态通过

承载器时读取的重量值会与静态测试时的重量值有所不同，如在允许误差范围内即符合要求。让产品重复数次（如10次、20次）通过承载器，仔细观察检重秤的重复性。如果读数误差大或重复性不好，应该检查机械部分是否存在卡、碰及承载器安装是否存在问题。

二、性能验证

检重秤的用户有责任在检重秤使用寿命内保证检重秤性能一致，检重秤的供应商可以协助检重秤的用户实现这一目标。

一般情况下，性能验证建议应由授权的工程师每年或每两年进行一次，以验证设备仍然维持指定的准确度。性能验证的主要内容是进行以下两项测试：

1）准确的称重；

2）能根据产品的重量偏差正确剔除。

除此之外，应确保检重秤系统以下功能是正常有效的：

1）所有额外的警告/信号设备（例如：报警条件，剔除确认）；

2）安全系统工作。

作为检重秤供应商定期服务计划的一部分，性能验证应由检重秤供应商技术服务人员协助检重秤的用户进行。他们对检重秤有深入的了解，具有丰富的经验，还有执行性能验证所需的工具和设备，可使这项工作顺利进行。

（一）准确度测试

产品测试是验证检重秤性能的最佳方法。执行产品测试时，应在分辨力至少是检重秤分辨力5倍可信的静态秤上称重产品，静态秤还需要近期内进行过校准和检查。测试时只需要简单从生产线取出有代表性的产品，以指定的生产速度让同一产品通过检重秤，然后放在静态秤上称重并记录称重结果。同一产品在检重秤上应运行多次以建立正态分布曲线，这样将提供一个检重秤性能基础的平均值以及标准偏差 σ（如图14-1所示）。在检重秤运行期间的日常测试，通常使用30次的结果，而在符合性评估时，通常使用100次的结果。

平均值是所有测量值的总和除以测量值个数的平均值。

标准偏差是测量值在中心点周围从最低到最高重量值的散布，标准偏差是基于所有重量测量值计算所得，用以确定误差的范围。

通过测试数据计算平均值和标准偏差，可以用 $\pm1\sigma$、$\pm2\sigma$ 或 $\pm3\sigma$ 来表示一台检重秤的准确度。但只有 $\pm2\sigma$ 或 $\pm3\sigma$ 的定义实际使用，而更多的制造厂家采用 $\pm3\sigma$ 的定义，因为这个定义更严格，也为众多用户所接受。

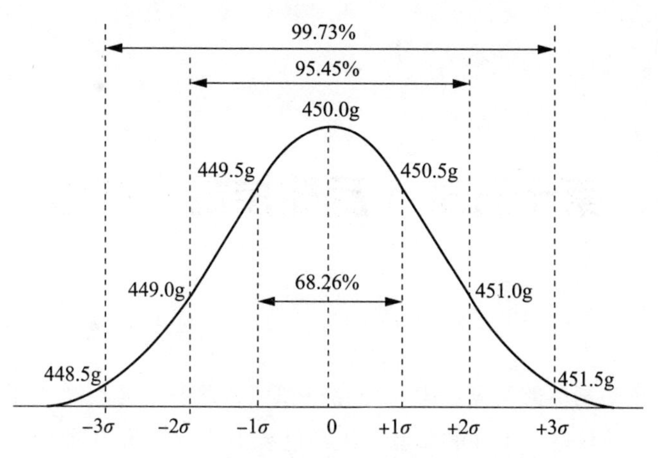

图 14-1　产品检重测试的正态分布曲线

分析图 14-1 所示的分布曲线可以知道产品的实际重量为 450g，100 次测试的称重结果大概有 68 次在 449.5g 和 450.5g 之间，有 95 次在 449.0g 和 451.0g 之间，有 99 次在 448.5g 和 451.5g 之间。

准确度测试还可以采用生产线上的产品样品。按实际运行的条件进行测试，比如按序通过 100 个产品，记录下这些产品在检重秤的称重显示值。而得到这些产品的理论重量值既可以先在静态秤上称重后通过检重秤，也可以先通过检重秤后在静态秤上称重。然后比较理论重量值与称重显示值的差值，如果有 95 次差值小于 2g、99 次小于 3g，那么按$\pm 2\sigma$或$\pm 3\sigma$的定义准确度应分别为$\pm$2g（$\pm 2\sigma$）或$\pm$3g（$\pm 3\sigma$）。

（二）线性度测试

如果检重秤用于多种重量不同的产品检重或进行重量不同的产品分选，在完成量程调整后，还应在量程中间的相应点施加不同重量的砝码再进行一点或多点测试校验，这样可以用来检查检重秤的线性度，以确保在量程内多点的测量准确度。如果这些点的检测误差小于检重秤的准确度值，则可不必再做调整。

第十五章　反馈控制充料量

在检重秤的基本类型应用中，有充料和计数两种。充料适用于自由流动或松散的产品，计数适用于件的重量，或在包装中特定产品的重量。对充料应用，在检重秤的前面配有充料机。虽然充料机一般有定量充料功能，但常常需要根据实际充料量的变化手动或自动调整充料量。

第一节　包装产品的充料和溢装

许多国家规定必须使用称量设备检验包装产品的净含量，以确保产品净重满足法律规定的要求。

包装自由流动或松散物料的产品通常采用充料机自动充料，由于影响充料量的原因很多，将造成包装产品重量变化。为使包装产品净重满足法律规定的要求，很多企业通过有计划的“溢装”避免消费者投诉和法律纠纷。

溢装的结果虽然满足了产品净重符合法律规定的要求，但也要付出成本升高的代价，将造成企业一定的经济损失。

精确的质量数据管理和反馈控制充料量可以改变这一困境。由于检重秤要对所有包装进行称重，因而所采集的是大数据，通过质量数据管理软件可以精确分析充料机对产品包装的所有数据，包括包装产品的平均重量、溢装量、因重量不合格被剔除的分类数量等，从而可得到一个新的目标重量值和较小的溢装量。

通过反馈控制充料量可以自动实现包装产品目标重量值的随动控制。

第二节　充料机准确度

充料机充料稳定性是有效充料重量控制的关键。当充料机不做任何调整时，充料后的批量产品经检重秤测量，所得到的重量分布曲线可提供对充料机性能的评估。充料机充料后产品重量的误差越小，其性能越好，重量不合格的废品就越少。

如果充料机的目标重量值设置为大于标签重量两倍标准偏差 2σ，约 97.7%（其中包括有 2.3%的超重产品）的充料产品重量将超过标签重量。

如图 15-1 中的曲线 1 重量分布所描述的充料机，与低准确度的曲线 2 重量分布充料机相比，准确度要高，两个充料机的标准偏差分别为 σ_1、σ_2，则曲线 1 充料机的目标重量设置可以更接近标签重量。

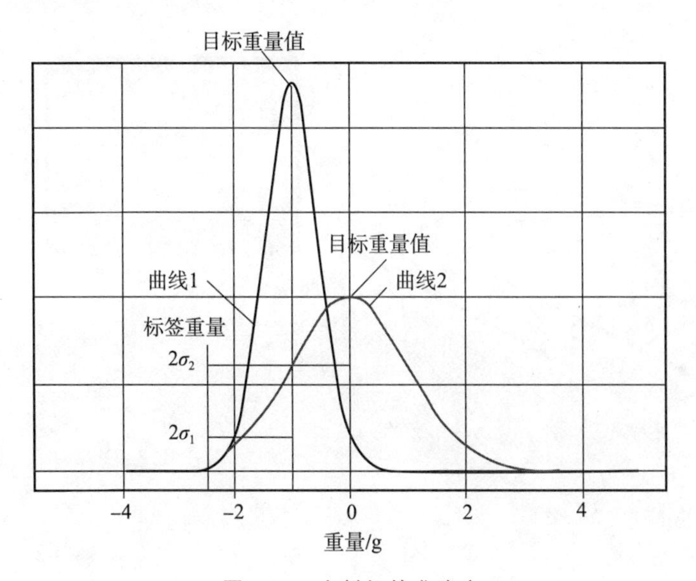

图 15-1 充料机的准确度

具备以下条件，充料机的标准偏差小、准确度高：

——充料机适合于产品；

——充料处于最佳状态；

——均匀的产品流送入充料机。

第三节 充料机的人工控制

充料机可根据反馈信号进行人工控制或自动控制。需要人工控制时，检重秤可以简单地提供每个充料头充料量的报告，如当前产品的平均重量值等，供充料机操作人员参考。如果充料量超差时触发报警，提醒操作人员。

赛默飞世尔科技公司 Versa 检重秤有一种新的软件选项是多头充料（多

达 16 个充料头）监视器（MFM），它使客户能实时监控充料机多个充料头的性能。MFM 软件计算每个充料头的最大重量、最小重量、范围、平均重量和标准偏差的统计数据，还对这些统计数据设置报警限值，在称重指示器屏幕上同时显示每一个充料头的编号和对应的统计信息。如果统计数据超过限值，还可以用醒目的颜色来提醒操作员，以识别需要调整的充料头和对应的指标。

图 15-2 显示了 6 个充料头检重秤的充料过程及显示的数据。在图右上部的画面显示的是全部 6 个充料头的工作状态，并以颜色区分统计数据的超限，以突出关键信息，使显示屏一目了然。图中每个充料头显示棒图所代表的参数见图 15-3[88]。

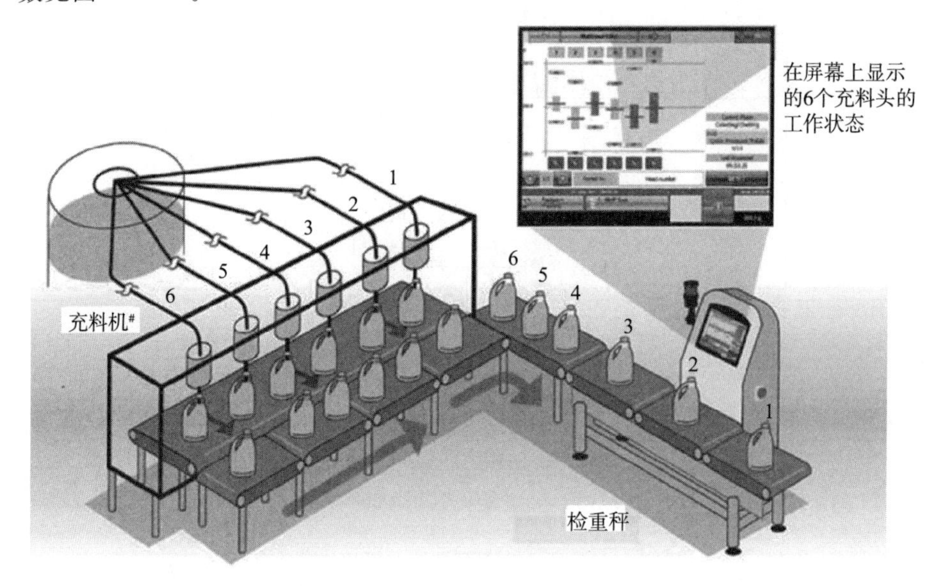

图 15-2 装有 MFM 软件的 6 头充料机的充料过程和显示画面

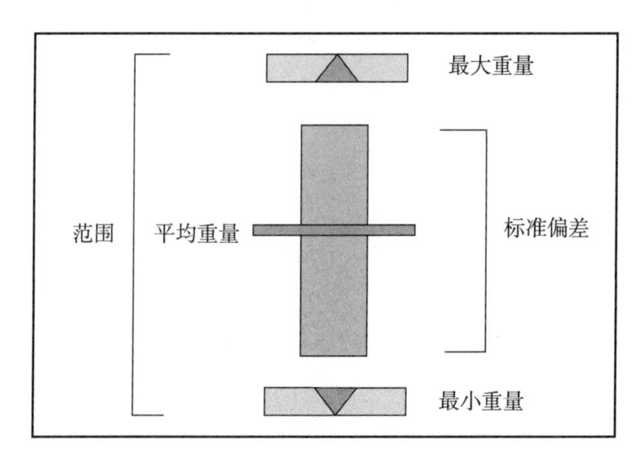

图 15-3 充料头的显示棒图和代表参数

在图 15-2 右上部的显示画面中，通过颜色显示充料头 3、5、6 的重量范围超限，充料头 5、6 的最大重量、最小重量均超限。

Versa 检重秤加装 MFM 软件后，操作员可以看到实时性能，并可以在有故障的充料头出现大量不合格产品之前，快速对充料机的问题进行必要的人工调整，以尽量减少产品的溢装，并确保装料不足的包装不会进入市场。

第四节 充料机的反馈自动控制

充料机根据反馈信号进行自动控制时，检重秤根据检测数据获得的统计结果，与事先设定的产品称重目标重量值比较，确定一个反馈信号送至控制器并通过执行机构调整充料机的充料量，从而减少产品重量误差以及因充料机充料量漂移所产生的产品充料量的变化（见图 15-4）[27]。由于从充料机充好料的产品到达检重秤要经过一段时间，所以称重指示器在做出对充料机下一次充料量调整的控制运算要延时。

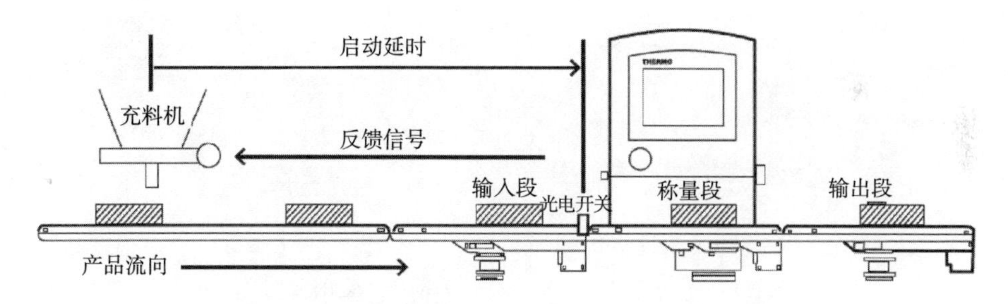

图 15-4 检重秤反馈控制充料机充料量原理示意图

一、充料控制类型

有两种基本类型的充料控制可以在检重秤上运行[21]，它们是：

（1）连续充料控制

这种连续控制系统可产生一个控制信号，其输出正比于各件包装重量和用户设定的目标重量之间的差异。这是一套具有极快响应时间的调节系统。

（2）平均充料控制

平均充料控制需先设置一段“持续时间”，可以用在该时间内通过的包装数量来确定，比如通过量为 120 件/分时，如确定 20 个包装通过，则“持续时间”为 10s。控制系统通过 10s 持续时间内 20 个包装的平均重量值计算，将它与用户设定目标重量之间的差值比较后，产生一个校正信号，调整充料头的充料量。该系统大多用于多充料头的充料机。

二、反馈控制信号类型

送到充料机的反馈控制信号有三种：

（1）模拟调制

模拟控制信号，如电压或电流环控制信号。

（2）脉冲频率

控制信号为基于重量误差方向和幅值的一系列输出脉冲数。

（3）脉冲时间

控制信号为基于重量误差方向和幅值输出脉冲持续时间变化的单脉冲。

当包装精度要求较高而产品包装的皮重变化需要考虑时，可以采用图 15-5 所示的双检重秤反馈控制充料机充料量。图中，空瓶的重量由检重秤 1 检测，信号传送到检重秤 2 的称重指示器上，以进行充料净重的检测。充料净重的检测数据作为反馈信号输入充料机，从而实现充料净重的实时控制[89]。

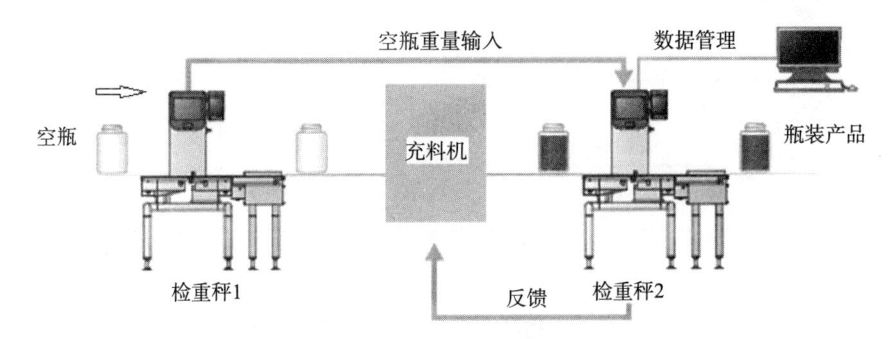

图 15-5　双检重秤反馈控制充料机充料量原理示意图

第五节　标准反馈控制

在充料机的反馈自动控制过程中，检重秤和充料机在连续不断地通信，如果检测到产品重量出现误差，在对生产产生大的负面影响之前，就开始对充料机的充料量进行调整，以确保可以纠正误差带来的影响。以下是检重秤向充料机发出反馈信号并进行自动控制过程的几个步骤[90]。

一、步骤 1——充料机发生偏差

步骤 1 显示检重秤检测到充料机的充料量向减少方向发生偏差（见图 15-6），

如果这种趋势继续下去，充料量的偏差将增加，而产品可能欠重（欠重的产品上打上了叉号）。

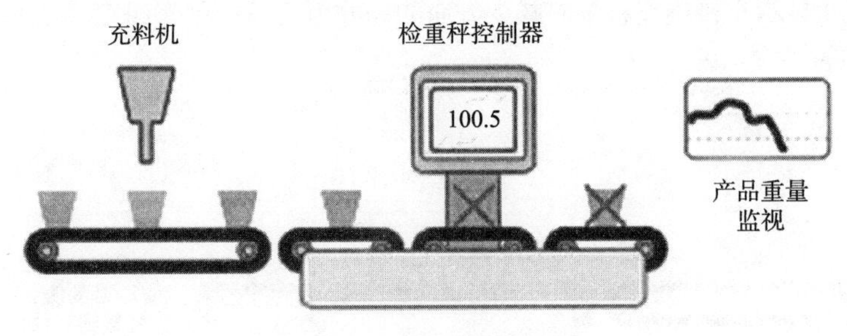

图 15-6　充料机发生偏差

二、步骤 2——向充料机发出反馈信号

步骤 2 显示检重秤的反馈信号发送到充料机，以调整充料量（见图 15-7）。但存在一段滞后时间，在这段时间内检重秤不会再指导充料机进行调整。

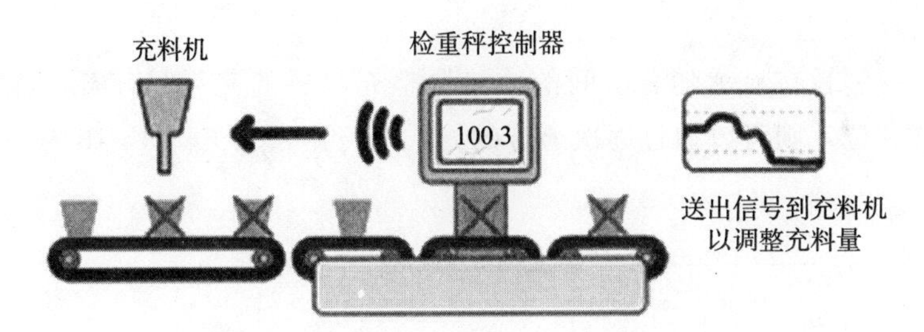

图 15-7　检重秤向充料机发出反馈信号

三、步骤 3——在滞后时间后充料机改变充料量

步骤 3 显示滞后时间等于充料机改变充料量后的产品到达检重秤花费的时间（见图 15-8），超过滞后时间，充料机改变了充料量，产品重量恢复正常（正常的产品上打上了勾号）。

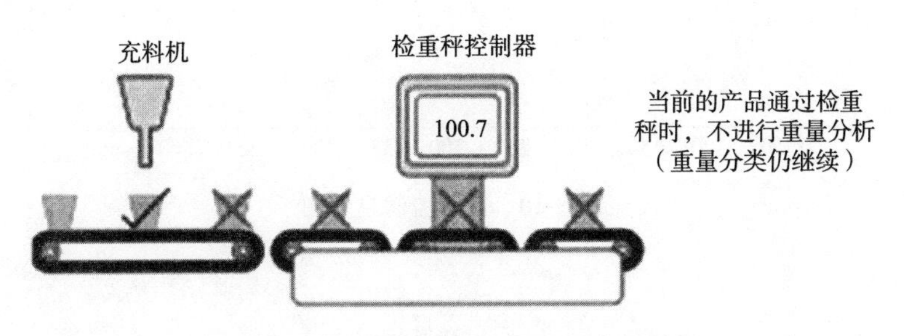

图 15-8　在滞后时间后充料机改变充料量

四、步骤4——纠正充料偏差

步骤4显示充料机充料量向减少方向的偏差由反馈控制来纠正（见图15-9）。

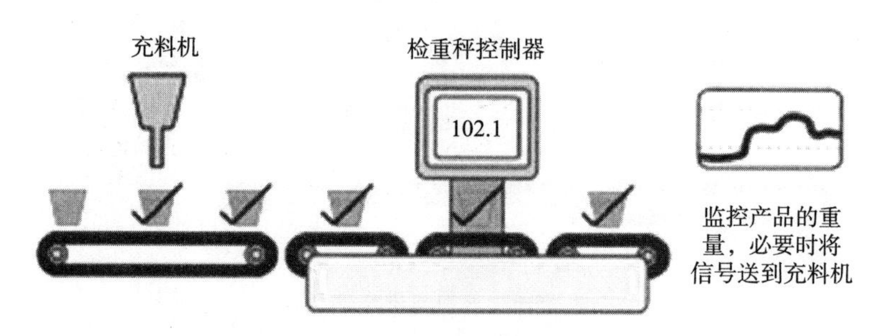

图15-9 纠正充料偏差

当生产线的输送速度不变时，如果充料机和检重秤之间的距离增加，更多的包装将位于充料机和检重秤之间，上面提到的滞后时间将延长。所以在理想情况下，检重秤应该紧靠充料机安装，可对充料重量变化做出最直接、最快速的反应。

反馈控制旨在显示随着时间的推移调整充料器的充料量，有可能调整量不是一次到位，则可以通过逐次逼近的方式进行调整（见图15-10）[91]。

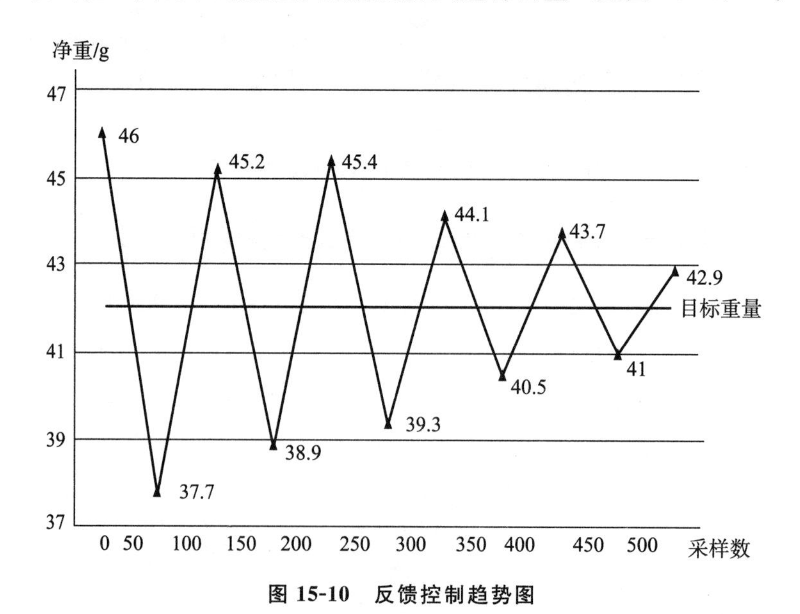

图15-10 反馈控制趋势图

第六节　扩展反馈控制

扩展反馈控制是标准反馈控制程序的附加组件，它为充料过程提供了新的强大的灵活性和调整功能。当控制出现偏差时采取正确的措施来避免它们，这是避免错误的最好方法。在对产品的重量分布进行统计解释时，允许采用更精细的控制算法自动调整充料头，使反馈控制的目标重量与标签重量之间更接近，因此减少了超重充料和欠重充料，调整速度更快、更有效，甚至比标准的反馈控制更加准确[90][92]。

扩展反馈控制包含以下 4 个主要方面的功能。

一、综合统计

这包括反馈控制计算中的统计平均值，以确保在生产运行结束时不会出现太低的“统计平均值”（见图 15-11）。

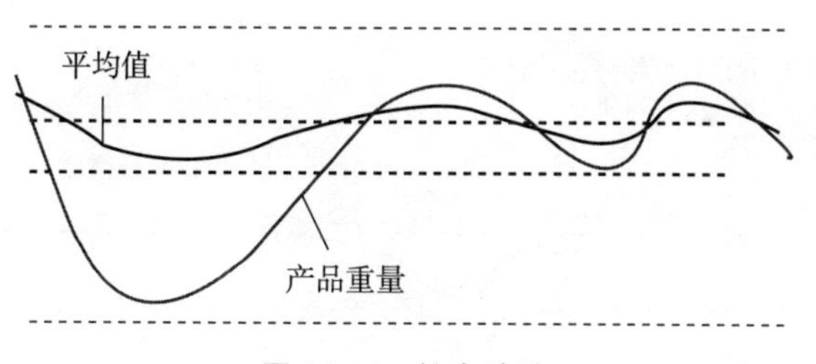

图 15-11　综合统计

二、双控制因素

这个功能允许根据两个单独的控制因素来增加和减少充料量，根据产品生产过程的具体工况，可以对超重充料和欠重充料的修正速度进行不同的调整（见图 15-12）。

在图 15-12 左边的工况 A 中，当产品因欠重而被剔除后，可以被重新使用或返回到流程中。此时重点放在尽可能快地减少产品超重上，所以控制“超重”修正的速度要比控制“欠重”修正的速度快得多。

在图 15-12 右边的工况 B 中，当产品因欠重而被剔除后不能被重复使用时，例如处理冷冻食品。此时重点放在尽可能快地减少产品欠重上，所以控制“欠重”修正的速度要比控制“超重”修正的速度快得多。

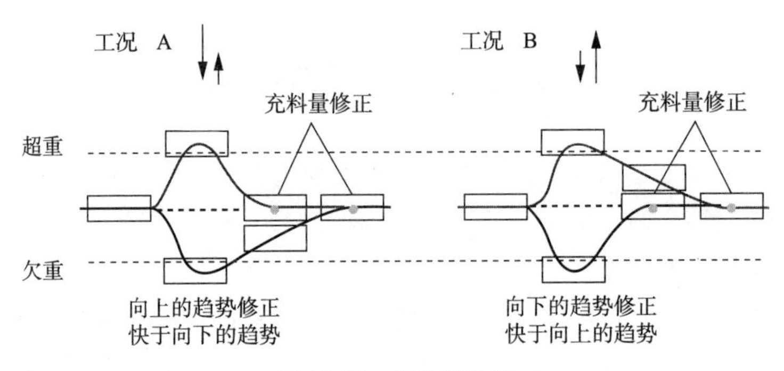

图 15-12 双控制因素

三、差别控制

标准控制因素决定了“充料机控制多少”，另一个（第二）控制因素作为一个“放大因子”，并允许在检测到充料量大的变化趋势时，如极端超重或欠重情况下，通过差别控制的算法，强化控制功能，使产品的充料重量更快地回到目标的重量值（见图 15-13）。

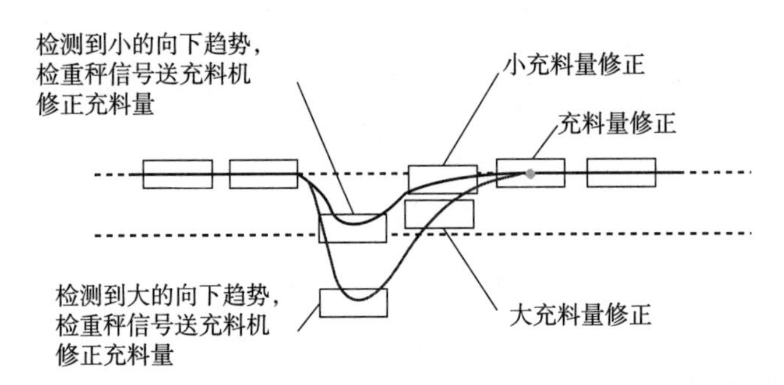

图 15-13 差别控制

四、最优充料溢装

这个功能持续地计算出最优的平均值和目标重量。一旦生产开始，目标重量就会自动调整，以最大限度地利用当地的包装法规，尽量减少溢装量。

第七节 产品跟踪

产品跟踪可用于可能由环境条件缓慢变化（如外部温度和湿度变化）引起重量变化的连续跟踪，或可能由产品特性变化（如产品密度变化、产品流动性变化）引起重量变化的连续跟踪。可采用产品重量平均值跟踪软件，着眼于产品重量短期和长期平均值的测量趋势，并从中推导出补偿这种变化的修正值。例如纸巾产品因外部温度和湿度等因素的变化影响水分含量，导致纸巾重量变化。

从检重秤来的反馈控制可以减少产品重量误差和由于充料机漂移造成的产品超重或欠重。图 15-14 中的充料机原来充料的结果是充料曲线 1，由于环境条件缓慢变化产生了漂移，充料结果变成充料曲线 2，从而造成产品充料超重。如果检重秤能将充料结果的变化作为反馈信号提供给充料机，则可使充料机的充料结果从曲线 2 又回到曲线 1，从而提高充料准确度和产品的合格率。

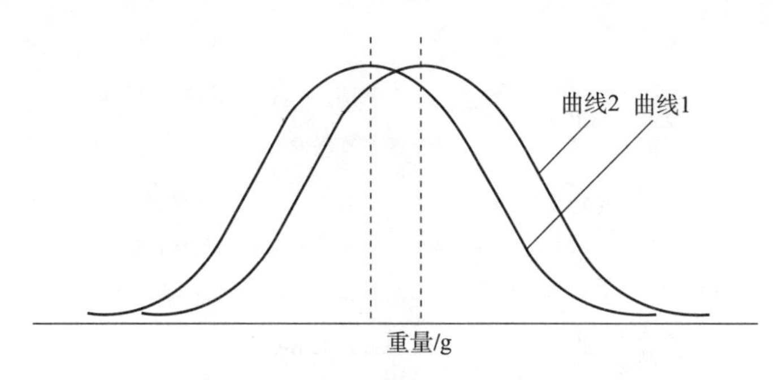

图 15-14　充料机的漂移

第八节　反馈控制应用案例

一、牙膏灌装

2007 年赛默飞世尔科技公司在广州宝洁牙膏灌装生产线上，成功安装双通道检重秤，用于检测和控制牙膏重量（见图 15-15）。

图 15-15　牙膏灌装生产线上的双通道检重秤

牙膏最大长度为220mm，宽度为40mm；称量范围10g～250g，通过量为120件/分，准确度为0.1g。在牙膏灌装线上增加检重秤设备，除了控制重量上下限，还增加反馈控制选件，以控制牙膏灌装量，从而大大降低不合格产品的比例。反馈设置的上限范围介于标准值容许偏差上限至剔除上限值；反馈控制下限范围介于标准值容许偏差下限至剔除下限值（见图15-16）。根据最新采样队列数据的实际平均重量值，求得反馈误差调整值的脉冲宽度。

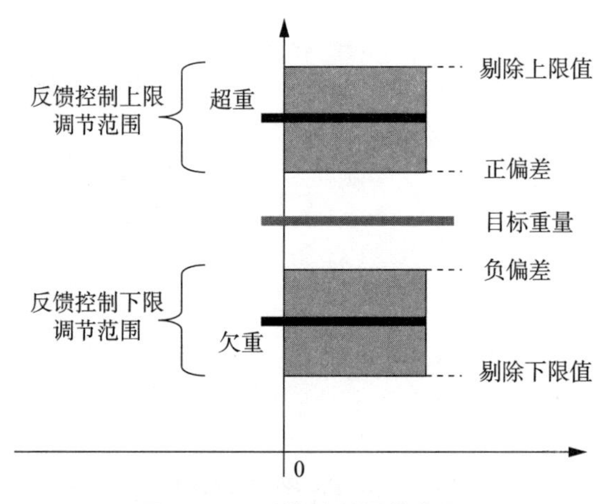

图15-16　反馈控制调节范围

反馈上/下限输出采用继电器脉冲输出，接入灌装机的开关量输入，控制伺服电机，改变控制螺距，进而改变灌装牙膏量。比如当监测到牙膏重量采样值向下漂移时，检重秤输出调整信号送到灌装机，调大灌装牙膏量；在灌装机调整灌装牙膏量的过程中，检重秤不再发出调整信号；待灌装机调整灌装牙膏量以后的牙膏通过检重秤时，可以看到牙膏重量采样值向下漂移的趋势已经得到修正；如果牙膏重量采样值达不到质量规定要求，检重秤可再次输出调整信号到灌装机。在没有增加反馈控制之前，宝洁为了避免由于灌装系统误差导致牙膏欠重，采用每支牙膏溢装量2g控制灌装量。按照通过量120件/分计算，年产量约1.2亿支，每支牙膏重量为100g，如果溢装量能减少到1g，每年就可以节省120t牙膏灌装量，即可以多装120万支牙膏。以每支牙膏2元成本计算，年减少损失240万元，一台高速高精度检重秤市场价不到40万元，两个月内就能收回投资成本。

二、百吉饼面团分切

不少人喜欢英国百吉饼厂生产的百吉饼，这是一种经济实惠、易于食用的零食，适合人们快节奏的生活方式。百吉饼厂渴望生产符合客户标准的百吉饼，因此宁愿百吉饼超重，也不能因欠重影响客户的满意度。然而，因百吉饼超重影响了厂家的利润率，而且重量过轻或过重使制造成型的圆圈形百吉饼外形不好看。所以需要积极控制工艺过程的面团分切，但面临的挑战是复杂的，因为面团在分切过程中有体积膨胀的趋势，使面团密度变小，这样切除的面团重量将变少。虽然分切机能切出体积几乎完全相同的面团块，但在同一个批次，开始时切出的面团还是比在该批次结束时切出的面团重。

厂家让梅特勒-托利多公司提供检重秤的解决方案：储存面团的料斗下有分切机，它将面团分切成一块块大小、形状相近的面团块，随后分配到 4 条输送生产线上（见图 15-17、图 15-18）。每条生产线每分钟运行 75 块百吉饼，系统总通过量为 300 件/分。多通道高速 XS 系列检重机集成到生产线上，操作员使用一台称重指示器触摸屏用户界面可以监视和控制 4 条生产线。高速

图 15-17　四通道面团检重秤

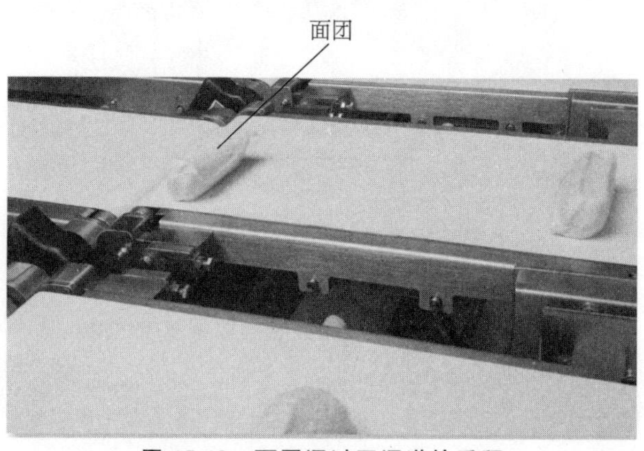

图 15-18　面团通过四通道检重秤

检重秤的数据可与分切机实时通信，并对分切机分切面团的重量进行调整。如检重秤检测出面团的超重信号，将使分切机分切面团重量减少，而检测出面团的欠重信号使分切机分切面团重量增加。检重秤的反馈信息发送到面团分切机，使面团分切机始终保持分切面团重量的一致性，而不受发酵影响。新系统能够减少溢装，减少不合格产品，提高效率。高速多通道检重秤采用全不锈钢结构，满足并且超过了美国认证的清洁和卫生要求，它还符合高压、高温冲洗的 IP-69K 标准[93]。

三、液态奶包装

某集团液态奶 500g 包装的出厂标准是带包装 508g，生产工艺控制指标 510g。使用检重秤之前，牛奶灌装量的平均值是 515.231g，波动幅度为 17.5g。原工艺过程无检重设备，灌装机为利乐公司产品，用手动旋钮和拉线对机械装置的包装量进行微调。采用德国碧彩公司 CWM750 检重秤进行自动控制试验，首先进行检重秤测试，得到的重量分布曲线数据接近理想的正态分布，标准偏差约为 1g。自动控制试验时目标重量值设定为 510.3g，上限限位值 TO1 设定为 512.6g，下限限位值 TU1 设定为 508g。当通过检重秤反馈信号自动控制灌装机灌装量的试验投入后，灌装量的自动调整是由步进电机带动丝杠并调节拨杆实现的（见图 15-19）。试验结果表明：牛奶灌装量的平均值降低到 510.299g，波动幅度降低到 8g，平均每袋牛奶可节省 4g，经济效益可观[94]。

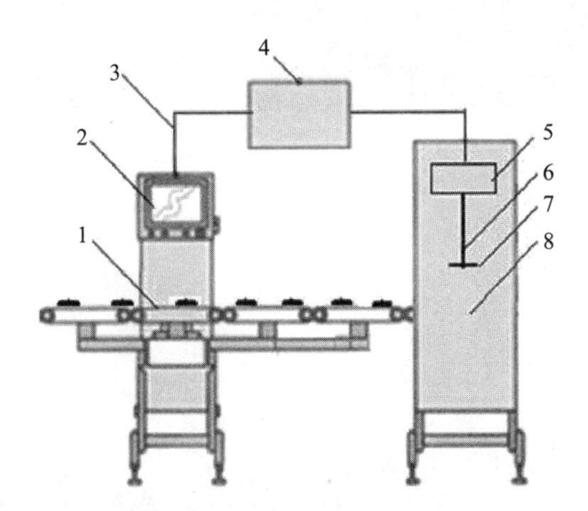

图 15-19　液态奶灌装反馈控制系统示意图

1—检重秤；2—称重指示器；3—根据重量偏差发出脉冲个数不同的信号；4—控制系统 PLC+HMI；5—步进电机；6—连杆；7—灌装量调节拨杆；8—利乐包装机

四、牛肉片托盘包装

来自美国太平洋西北地区的一个客户通过牛肉加工机械将牛肉切成片，然后由包装机将牛肉片加到泡沫塑料托盘上，再送到外包装机上将托盘打包，每个托盘中牛肉片的重量范围为454g～477g。如果托盘重量合格，它将贴上标签装箱出厂。如果托盘重量不合格，它就不贴标签，这个没有标签的托盘将被自动剔除。工作人员必须动手将剔除后的包装拆开、泡沫塑料托盘丢弃，并将牛肉片返回。由于设备配置上的问题，牛肉片包装机和重量价格标签机之间的距离较大，以两者间的包装托盘来计算，约有100个托盘。在如此大的距离内，牛肉片包装机和重量价格标签机之间建立反馈回路很难行得通，由此造成托盘的剔除率超过20%。

为了减少返工需要的时间，客户将托盘中牛肉片的重量设定为477g以上，这样就使托盘溢装量加大。在包装时间紧迫的情况下尤其如此，客户甚至还会把重量设定上限提高到499g，以确保减少剔除的包装数量，由此造成产品溢装的数量明显增加。客户因包装的浪费、过度耗费的劳动力、超重的包装返工和产品的溢装而蒙受损失，他们一直在寻找更好的解决办法。

客户在牛肉片包装机后面直接安装了一台美国范德堡称量设备（VBS）公司的检重秤，这与原来的牛肉片包装机和重量价格标签机之间的距离有100个托盘相比，安装检重秤后的距离只有7个托盘。通过提供包装重量趋势的反馈，从而迅速改变每个托盘上的牛肉片的重量，这使得客户可以快速及时地消除那些在包装之前就已经超重的托盘，从而大大减少了重量不合格的包装。

安装检重秤后，只有不到2%的托盘超出重量范围。返工量下降了95%，由此客户实现了每年节省6.7万美元。而且这还不包括将产品从包装中取出所耗费的劳动力费用。此外，他们还将托盘中牛肉片的重量范围调整到454g～472g，从而减少了28%的产品溢装。每个托盘的平均重量为460.4g～465.4g。这种看似微小的重量差异导致了每年10.2万美元的收益。这个客户每年总共得到近17万美元（不包括劳动力费用）的收益，在几周内就收回了检重秤的投资[95]。

第十六章　组合检重秤系统

生产线上的产品质量控制除了要检重之外，同时要求进行金属探测器监测、X射线检测装置监测、视觉系统检查。由此可能出现检重秤与具有上述功能设备的双功能组合系统，甚至多功能组合系统。图16-1为与金属探测器、视觉系统整合成一体的多功能组合检重秤系统[96]。除此之外，在生产线上还可能有检重秤与喷码机、贴标机、条码阅读器、包装机等多种组合。

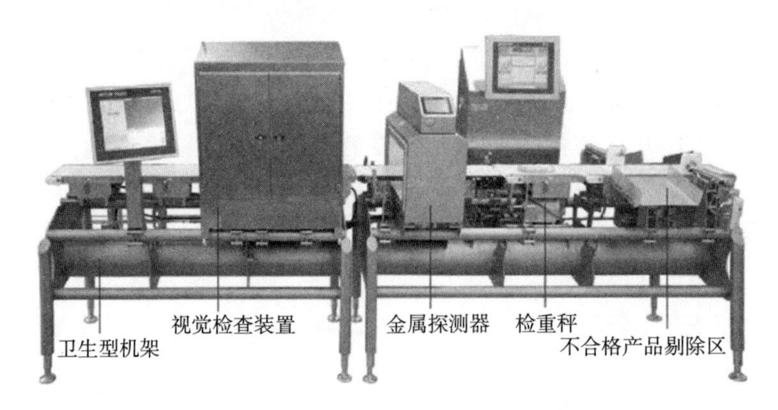

图16-1　与金属探测器、视觉系统整合成一体的多功能组合检重秤系统

这类组合系统的优势：

——与购买各自独立的系统、然后将它们整合在一起的方式相比，组合系统成本低；

——组合系统占有生产线空间少，公用的操作部分可以共用，如输入段及产品定时、定间隔要求对各种检测设备是通用的，可共用这些设备；

——产品的剔除装置可以共用，可对不合格产品进行统一跟踪和管理；

——主流的检重秤制造商往往可为用户提供组合系统产品，提供服务和支持的单一联系点；

——各自独立的系统有多个操作界面，而有的组合系统可整合为单一的操作界面，操作简便、快速。

第一节 组合金属探测器的检重秤系统

食品和制药行业需要金属探测器，以保证生产的产品不受金属污染，为此可在生产过程的不同阶段使用金属探测器。比如当生产过程中物料处于散装状态时使用，可在金属破碎成更小碎片前剔除，从而防止加工机械损伤，也避免产品和包装废弃物在随后成为高附加值产品时剔除。当然更多的时候是用于成品检验，这样没有后续污染的危险，能确保符合零售商和消费者的品牌质量标准。但金属探测器检测并剔除产品中的金属污染物只是其目标的一部分，还有更为重要的是当检测到污染物时，通过危害分析和关键控制点审计，实施预防措施，以从生产线前端开始防止金属污染再次发生。

大多数金属探测器是基于平衡线圈系统，当金属粒子穿过配置的线圈时，会对接收线圈所处的高频磁场产生干扰，因而在接收器上产生电压微小的变化，改变了线圈的平衡，生成代表产品中存在金属的信号。

最常见的金属污染物的类型包括：

——黑色金属（铁）；

——有色金属（黄铜、铜、铝、铅）；

——各种类型的不锈钢（磁性和非磁性）。

表 16-1 总结了各种类型金属的特征和用金属探测器检测的难度[97]。

表 16-1 不同类型金属的特性和检测难度

金属类型	磁性	导电性	检测难度
黑色金属（铁含铬钢）	强	良好	容易①
有色金属（黄铜、铅、铜）	非磁性	极佳	相对容易②
不锈钢（各种牌号）	一般为非磁性	差	相对难

① 由于有磁性，在潮湿和干燥的应用中通常是最容易检测的金属。

② 在干燥的应用中相对容易检测；非磁性有色金属在潮湿的应用中更难检测。

表中列出的金属污染物三种类型中，黑色金属通常是最容易检测的；不锈钢广泛应用于食品工业，但往往是最难检测的，特别是常见的非磁性类型，如 316 和 304 不锈钢；有色金属如黄铜、铜、铝、铅的检测难度通常介于这两者之间。

组合金属探测器的检重秤系统是最常用的组合之一，一些厂家开发了金属探测器和检重秤的一体化系统，如赛默飞世尔科技公司将 VersaWeigh 检重秤与 APEX 金属检测器的组合及赛多利斯 Cosynus、梅特勒-托利多 XS3CC 或 X3 的一体化系统。

一体化系统中金属探测器安装在检重秤前端的输送机上，并与检重秤共用自动剔除系统，由检重秤的称重指示器屏幕提供金属探测器的控制，使重量检测与金属探测在同一称重指示器屏幕下完成（见图 16-2）。

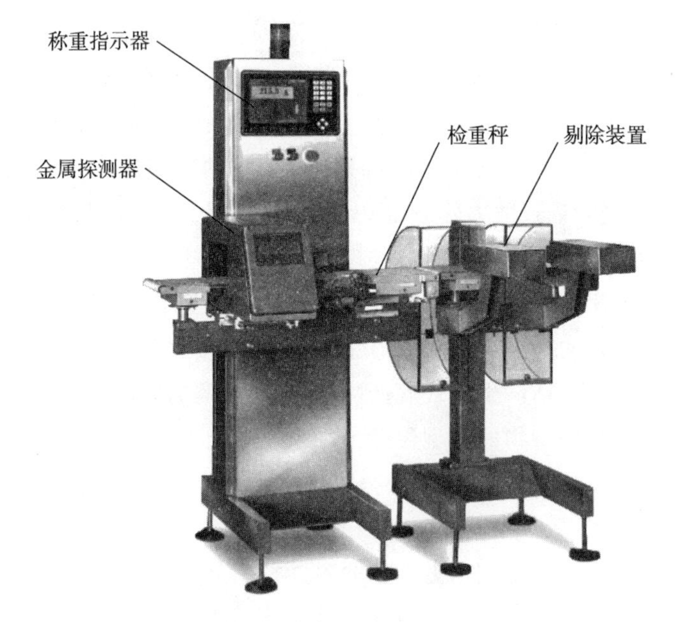

图 16-2　组合金属探测器的检重秤系统

第二节　组合 X 射线检测装置的检重秤系统

一、X 射线检测装置

X 射线检测装置的测量原理是利用了 X 射线源发出的 X 射线透过产品后衰减并为探测器接收（见图 16-3）[98]，由于测量产品的主要成分和污染物的密度不同，对 X 射线吸收量存在差异，因此 X 射线能可靠地检测受到异物污染的产品。以食品为例，一般来说，食品所含有的化合物是由一些相对原子质量为 16 或小于 16 的元素组成，主要是氢、碳和氧，而污染物含有高相对原子质量的元素且密度较高，如玻璃、金属、矿石、钙化骨、橡胶和高密度塑料。因此，使用密度作为污染物检测的基准，X射线检测装置就能可靠地从食品中检测出污染物。

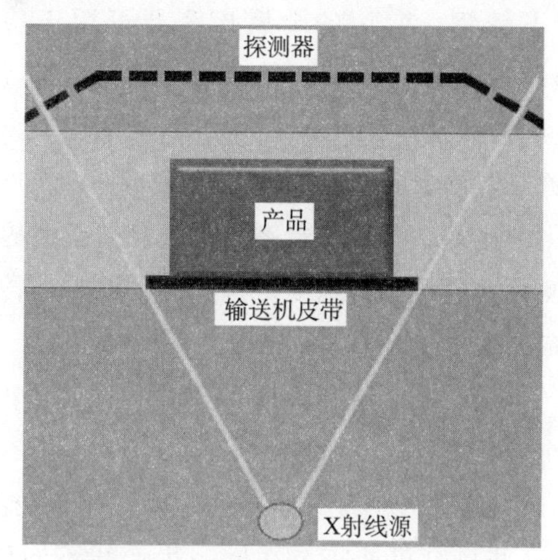

图 16-3　X射线检测装置原理示意图

图 16-4 显示了组合 X 射线检测装置的检重秤系统，X 射线检测装置和检重秤安装在有透明观察窗的箱体内[99]。

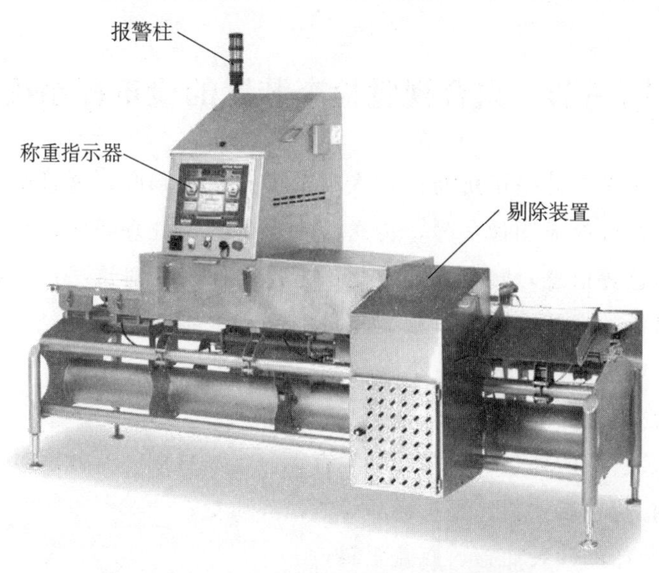

图 16-4　组合 X 射线检测装置的检重秤系统

二、X射线检测装置和金属探测器的比较

X射线检测装置和金属探测器都可以非常有效地检测出黑色金属、有色

金属和不锈钢，应针对具体工艺过程的不同要求来选择检测方式。

从能检测的污染物看，X射线检测装置和金属探测器均能检测出黑色金属、有色金属和不锈钢，专用的金属探测器可用于检测铝箔包装的产品，而X射线检测装置更擅长检测铝箔或其他金属薄膜包装的产品，X射线检测装置还可以检测玻璃、矿石、钙化骨、橡胶和高密度塑料。

X射线检测装置还具有其他检测功能，如测量净重与毛重、测量产品长度、计件、识别缺失的产品、检测密封完整性、检查破损的包装等。

金属探测器检测时输送机运行速度可达400m/min，X射线检测装置系统检测时输送机运行最高速度为120m/min。

从占用空间看，金属探测器检测头比X射线检测装置占用的空间更少。

从成本来看，金属探测器比X射线检测装置便宜很多。

在许多情况下，只有一个合适的解决方案——金属探测器或X射线检测装置，然而也有一些场合可能需要在同一生产线不同位置安装金属探测器和X射线检测装置。例如在生产线的前端安装金属探测器或松散物料流X射线检测装置系统，在生产线的末端安装X射线检测系统以检测更大范围的污染物和进行其他质量检查（如确认包装完整性）。

第三节　组合视觉检查装置的检重秤系统

视觉检查装置就是用机器代替人眼来做测量和判断，通过图像摄取装置将被摄取目标转换成图像信号，传送给专用的图像处理系统，根据像素分布和亮度、颜色等信息，转变成数字化信号；图像系统对这些信号进行各种运算来抽取目标的特征，然后再根据预设的判别准则输出判断结果，进而根据判别的结果来控制现场的设备动作。

视觉检查装置可用来检查的内容：

1）盒装食品的外包装破损、标签有无、生产日期、有效期；

2）易拉罐包装饮料、罐头食品等的拉环质量；

3）瓶装产品漏装瓶盖、瓶盖歪斜；

4）薄膜包装产品上的薄膜裂痕或孔洞；

5）药片包装漏装、混装、药片破损等。

组合视觉检查装置的检重秤系统见图16-5。

图 16-5　组合视觉检查装置的检重秤系统

1—视觉检查装置；2—检重秤；3—称重指示器；4—剔除装置

第十七章　通信协议

第一节　概　述

检重秤作为检测和控制环节过程自动化的基础设备，对于包装生产线的日常操作而言是十分重要的。检重秤运行过程中将产生大量的重要信息，需要及时传输到包装生产线的数据采集系统中，以获得直接高效的投资回报并提高运营生产效率。

用户要求检重秤应具有较强的通信功能，一方面要能够与下游设备通信，将下游设备中一些传感器或检测系统的信息集成到检重秤的称重指示器中，另一方面又要能够与上游控制或管理系统通信，将检重秤及其下游设备的信息集成到上位控制及管理系统中。

在检重秤的称重指示器上，通常带有各种通信接口，以便实现与 PLC（SCADA）系统、计算机系统或其他系统集成（见图 17-1）。

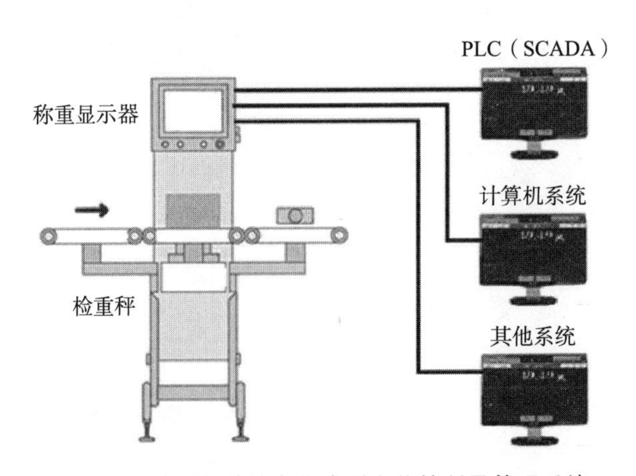

图 17-1　检重秤的信息集成到上位控制及管理系统

图 17-2 为检重秤及与其相关的现场设备与个人计算机（PC）的连接方式

示意图，这里采用的是以太网（Ethrenet）连接[100]。

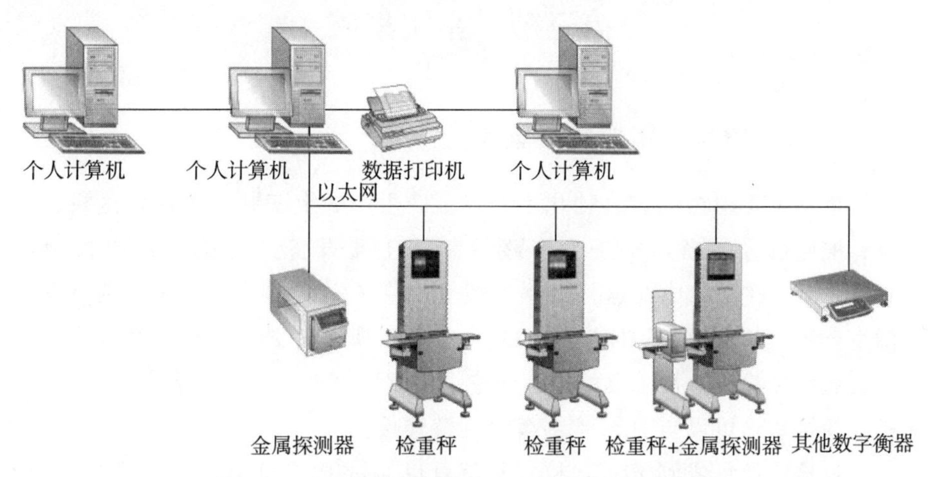

图 17-2　检重秤等现场设备与 PC 机的连接示意图

生产线越先进，则检重秤与用户上位系统之间的通信就越重要。检重秤厂商还应提供全面的软件解决方案，从简单的点对点连接到复杂的安全、网络和统计分析软件包，以使生产操作符合危害分析与关键控制点的要求，符合外部安全法规和标准的更广泛的要求。

第二节　检重秤数据集成目标评估

在选择检重秤称重数据通信接口之前，必须对数据集成目标进行评估。检重秤系统供应商应该帮助用户回答下列问题，以便提供相应的支持：

——上位系统目标硬件是什么（可编程控制器，个人计算机，数据采集系统）？

——什么数据是必要的（单独的重量、统计、批量报告、生产线控制信号、机器状态信息等）？

——通信是单向还是双向？

——用于通信的首选形式是什么？是以太网 TCP/IP、RS232/RS485 系列、OPC（OPC 实时数据访问规范 DA 或 OPC 统一架构 UA）或 Fieldbus（Profibus、以太网 IP、Modbus TCP、DeviceNet、Allen-Bradley 远程 I/O）协议？

这几个问题是战略性质的，一旦这些问题得到回答，检重秤系统供应商应能提供一个令人满意的数据通信解决方案，即带附加控制程序的数据通信接口。

第三节　系统集成

一、与可编程逻辑控制器集成

检重秤主要用在包装自动化生产线上。生产线上安装有各种输送机、充料机、堆垛机等设备，整条生产线控制的主流设备是可编程逻辑控制器(PLC)。检重秤就集成在这样的生产线上，除了完成本身的工作任务，它也要像生产线上其他设备一样接受 PLC 的控制。所以与 PLC（包括数据采集系统）的通信是检重秤最主要的通信任务。检重秤制造商已经设计了与 PLC 通用格式的接口，可以与 PLC 系统实现无缝连接。

一旦检重秤集成到 PLC，检重秤就可以通过 PLC 实现监控和数据采集。检重秤越来越多地成为全面统计过程控制（SPC）的输入设备和反馈机构，可以传送重量数据或具有统计、生产管理、产品转换等功能。

目前检重秤与 PLC 的通信接口有 Modbus TCP、MODBUS RTU、Profibus DP、以太网 IP、Device Net、Control Net、OPC 等，这些已经成为制造和包装行业的标准。通过与 PLC 的这些接口，包括通过远程 PLC 站，可将检重秤连接到生产过程管理系统。通常在设备选用时，应询问检重秤制造商可供选择的 PLC 接口类型及其接口规则，并详细介绍实现基础集成的方案。

与 PLC 集成应从基本的称重数据到复杂数据的命令上传和下载，同时应该能够提供高水平的自动化功能。

检重秤应当能够传送其生产结果数据，例如：总处理量、合格产品数量、不合规产品数量、包装分区重量、平均值以及生产活动的标准偏差，功能更强大的通信解决方案可实现从 PLC 进行远程产品管理和产品转换。

一些软件程序可用于收集检重秤的信息，以生成汇总报告、表格、图形和统计信息。

美国哈帝公司与罗克韦尔公司关系密切，它生产的称重模块就作为罗克韦尔公司的 I/O 产品直接集成到其 PLC 产品中。而哈帝公司检重秤的称重指示器可在罗克韦尔 CompactLogix® 平台运行，采用的编程软件为 RSLogix®，因而容易在罗克韦尔公司 PLC 产品上集成、升级和修改。

二、与计算机系统集成

有些生产线是采用普通个人计算机网络，此时检重秤可以通过 RS232、

RS422、RS485 接口或以太网 TCP/IP 协议与计算机网络连接，具有传送重量数据、统计、生产管理、产品转换、生产线集成等功能。

三、与下游设备集成

检重秤可以与其他检测工具集成，包括喷码器、金属探测器、缺陷检测设备（如开口纸盒探测器、歪斜包装探测器）等下游设备。

第四节　无线通信接口

由于检重秤的主要构成部件都集中在生产现场一个很小的范围内，如称重指示器、报警灯、喷码器、大屏幕显示器等相距均在数米范围之内，这为采用无线蓝牙传输创造了条件。图 17-3 介绍了钰恒电子（厦门）公司采用无线传输技术的检重秤系统构成示意图，图中除了称重传感器的输出连接线及几个通信接口采用有线连接外，本地设备间均采用无线蓝牙技术连接，而与上位机管理系统的连接则采用无线 WiFi 3G/4G 技术连接。采用这一传输方式，还可将在线检重数据上传到管理人员的手机上。

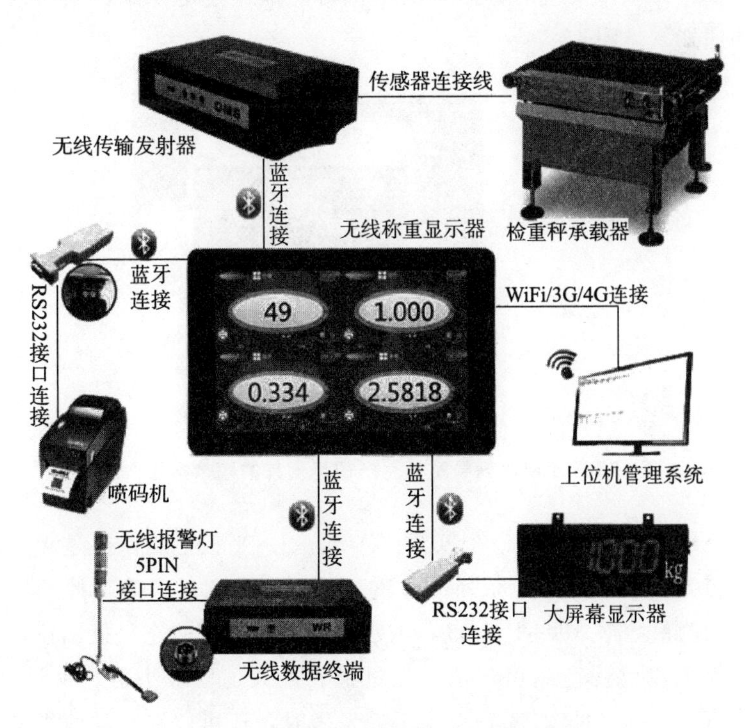

图 17-3　超短无线检重数据传输系统

称重指示器也可以采用无线传输方式将数据传送到上位机管理系统，图17-4显示了赖斯莱克（RiceLake）公司CW-90称重指示器选用WiPort无线网络设备后，两者间以RS232连接，然后通过无线局域网（WLAN）无线发送器传送实时数据，而无线接入点接收到实时数据后，又以10/100M以太网（或RS232口）与个人计算机连接。无线局域网是采用IEEE 802.11b、IEEE 802.11g网络标准，工作在2.4GHz频段[101]。

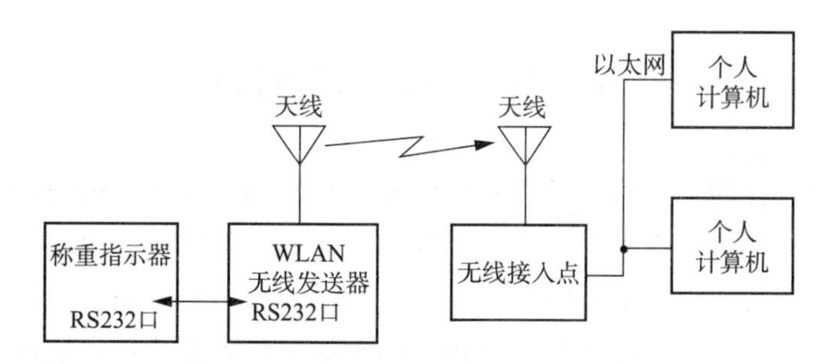

图17-4 采用WiPort无线网络设备的检重秤重量数据传输系统

梅特勒-托利多公司的ProdX数据管理软件可提供快速的电子邮件和短信报警，当预定义事件发生时，用户的手机可立即通过电子邮件或短信收到报警信息的通知（见图17-5）[102]。

图17-5 手机收到检重秤生产现场发来的短信报警信息

安立公司移动监视器是一个安卓（Android）平板电脑，通过无线网络连接安立公司SV系列和SSV系列的检重秤，可用来在远离检重秤的地点查看操作状态和测量数据（见图17-6），比如在远离检重秤的充料机岗位，通过移动监视器就可以监视产品设定值、重量值、最大值、最小值、重量平均值、长期趋势值等数据（见图17-7）。当报警发生时，还可以在移动监视器上显示出报警信息。连接的移动监视器数量可达6台，最多可连接检重秤的数量为100台[103]。

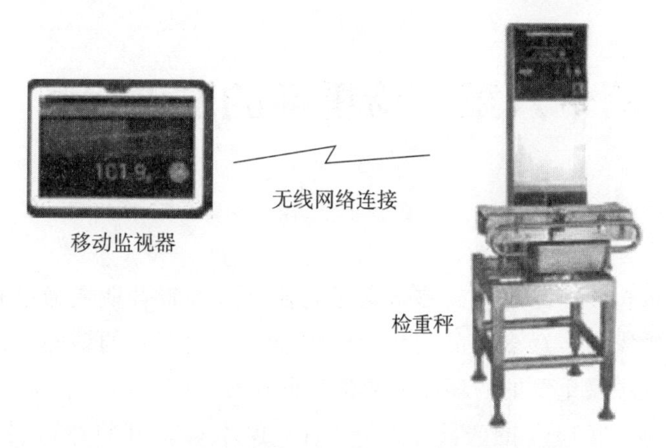

图 17-6　检重秤的移动监视器

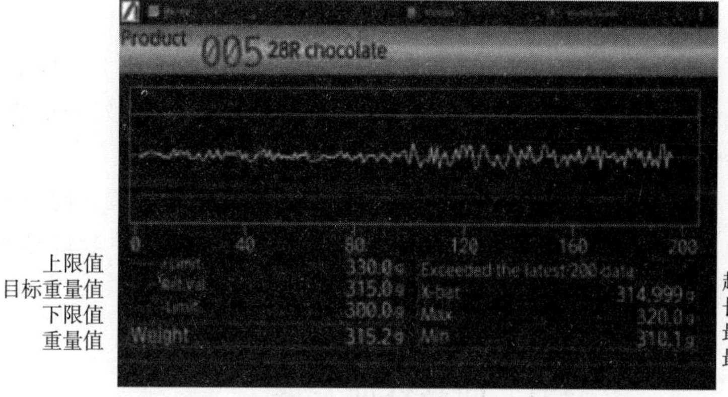

图 17-7　移动监视器的显示画面之一

第五节　USB 接口

通用串行总线（Universal Serial Bus，USB）是连接外部设备与计算机系统的一种串口总线标准，也是一种输入输出接口的技术规范，使用非常方便。只需将U盘插入指定的端口，并选择从该端口收集数据的日期范围。客户可以选择一天，也可以选择一段时间存储。一旦收集到检重秤的数据，使用台式计算机或笔记本计算机，客户可以很容易地查看和打印重要的统计数据。

第十八章　检重秤的发展趋势

随着定量包装商品越来越多地通过物流进入各行各业或通过超市、电商进入寻常百姓家中，众多商品的质量管理成为人们关心的话题。检重秤就是商品质量管理中最重要的一环，尽管其问世只有60多年，但发展迅速。以国产检重秤为例，2016年的产量为11760台，预计2022年将达到17120台，此期间的复合年增长率为6.46%[104]，属于发展速度最快的衡器产品之一。由于世界各国有关定量包装商品的法规日益完善和对药品、食品安全的重视，检重秤已成为定量包装商品生产流水线上不可或缺的关键设备。

在检重秤的全球市场中，目前在欧洲有最大的市场份额，约占32%以上，其次是北美地区，但亚太地区被认为是最有希望的市场，由于经济发展很快，药品、食品行业的需求迅速增长，因而其增长率最高。

回顾过去，展望未来，检重秤的发展趋势应该是向高性能发展、向智能化发展、向多功能一体化发展，而国产检重秤也将在这一过程中取得迅速发展。

第一节　向高性能发展

在检重秤问世之初，其性能呈现分度值大、准确度低、通过量小、缺少小微量程的状态，但随着传感器技术、微处理器技术的不断进步及机械加工水平提高，检重秤的低性能状态不断改变，技术指标不断提升，目前已经可以提供高性能的产品来满足药品、食品等行业要求的分度值小、准确度高、通过量大、量程扩大到小微量程的要求。图18-1介绍了某国外制造商从1964年到2011年之间检重秤产品的性能提升历程，如通过量由150件/分提升到310件/分，分度值由0.5g提升到0.001g，最高准确度由0.5g提升到0.01g[105]。

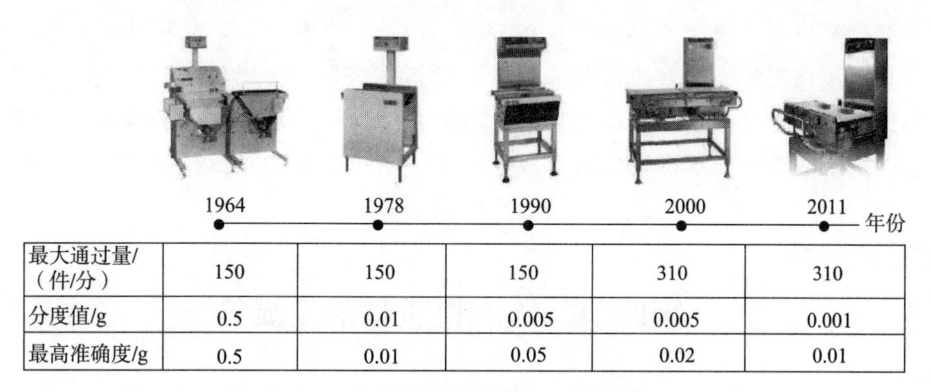

	1964	1978	1990	2000	2011
最大通过量/（件/分）	150	150	150	310	310
分度值/g	0.5	0.01	0.005	0.005	0.001
最高准确度/g	0.5	0.01	0.05	0.02	0.01

图 18-1 某检重秤制造商产品性能的提升

第二节 向智能化发展

检重秤的制造不再是单纯的衡器技术，而是更多地融入了各种机械、电气、电子、计算机、自动控制、网络等领域的先进技术。如自动控制、自动识别、编码、网络等技术的融入，使最新的检重秤可以无缝连接生产工艺过程控制系统，实现生产流水线的远程遥控操作、集中自动反馈控制以及根据大数据分析的过程优化控制。

很多制造厂商还在称重指示器里开发了很多智能算法，如本书中曾介绍过的安立公司检重秤的智能测量功能，可以在两个产品同时出现在检重秤的承载器上时，使用多重滤波器的信号处理方法与改进的测量分辨力结合以确定每一个产品通过承载器时的重量，减少“双产品误差”，从而减少不必要的剔除，达到最高的准确度，提高生产线的产量。

赛默飞世尔科技公司的 VersaWeigh 检重秤应用了动态宽频振动分析和补偿（Dynamic Broad Spectrum Vibration Analysis and Compensation，DBSVAC）专利技术，通过分析和补偿基础振动消除了基础振动对检重秤的影响[25]。日本石田公司的地面振动抵消装置（AFV）技术，即使在振动强烈的工厂环境中，也能抵消来自外部振动的影响，保证得到稳定和可靠的称量结果[105]。

第三节 向多功能一体化发展

随着消费者对食品、药品安全的要求越来越高，食品企业需要不断增加相关检测设备以确保产品质与量的安全。因此，在食品、药品行业采用检重秤与金属探测器、X射线检测装置、视觉检查装置、喷码机、贴标机、条码阅读器的组合越来越多，也就是说，只要是涉及产品质量安全的检查相关设备，只要用户有要求，都应该集成在一起，所以多功能一体化是发展的必然趋势。

第四节　国产检重秤的发展

国产检重秤只有20多年的发展历史，虽然目前国内检重秤生产企业已多达数百家，但规模小、水平低、产品质量粗劣的多，同质化现象严重，而规模大、技术实力强、产品质量好、业绩突出的很少。

由于检重秤市场对高中低档产品均有需求，虽然国产检重秤起步较晚，但也能觅得部分市场。在20多年的发展中，国内检重秤的领军企业在努力学习借鉴国际先进技术经验的同时，着重强调自主知识创新，已经开发出具有一定竞争力的高新技术产品，基本能满足国内中低端市场的需求，少数产品还出口东南亚、南美洲、非洲。

今后国内检重秤行业要培育发展高端产品，打造行业知名品牌，积极引进人才，增加科研经费，强化核心关键技术研发，突破重点产品领域的薄弱环节，为抢占未来产业的制高点、保持可持续发展创造先决条件。

附录一　相关术语

包装间距　package spacing

为确保准确称重，要求称量产品之间保持一定的距离。包装间距的测量是从一个包的前缘到下一包的前缘，或从一个包装的中心到下一个包装的中心。也称 pitch（间距）。

标签重量　labelled weight

这是包装上显示的产品重量，有时也被称为“标称重量（nominal weight）”。一定批量产品总重量的平均值应该等于或大于标签重量值。

标准偏差　standard deviation of the error

对于通过承载器的一个或多个载荷的若干次连续自动称量的标准偏差 s（示值的），其数学表达式为

$$s=\sqrt{\frac{\sum_{i=1}^{n}(x_i-\bar{x})^2}{n-1}}$$

式中：

x_i——载荷第 i 次称量值；

$\bar{x}$——载荷称量的平均值；

n——称量的次数。

侧面夹持输送机　sidegrip conveyors

侧面夹持输送机是指垂直轴式输送机装配，两条相对的皮带部分夹紧包装的侧面。一些底面积小而高度高的产品不容易在输送机之间转移，所以侧面夹持输送机扩展到客户输送机的卸料端，使得产品在进入客户输送机和检重秤之间间隙之前，产品的两边被夹紧（见图 19-1）。

当产品通过间隙时在皮带之间是悬空的，然后落到检重秤的给料部分。侧面夹持输送机也作为检重秤出料部分和其他输送机之间间隙的桥式连接。

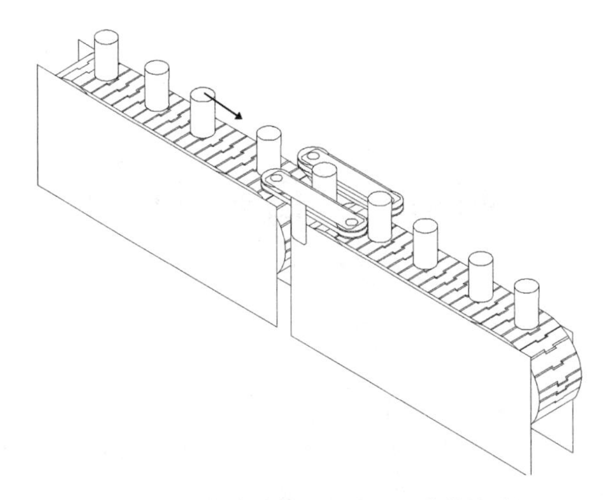

图 19-1　两个传送带之间的侧面夹持输送机

侧向转移输送机　side transfer conveyor

侧向转移输送机用于将产品从一条皮带转移到另一条（见图 19-2）。在这个过程中，包装运行在两条相邻且并行的输送机上，由皮带连续支撑。

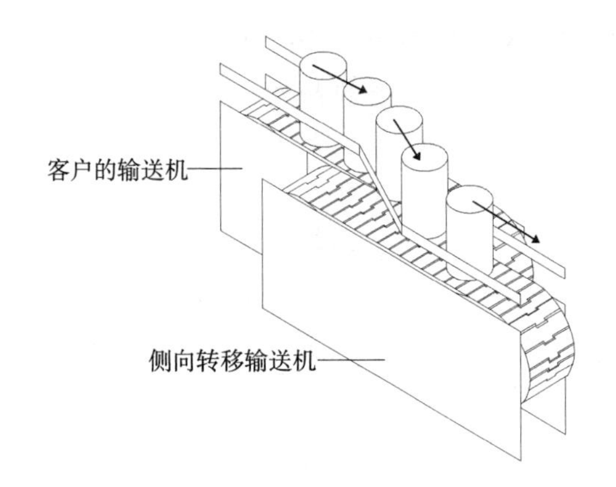

图 19-2　侧向转移输送

侧向转移输送机放置时应尽可能靠近客户的输送机，两者的皮带几乎是接触的。产品在导轨的导送下离开客户的输送机转到侧向转移输送机。侧向转移输送机可与检重秤输入段或输出段集成，以进行平稳传输。

称量时间　weigh time

包装完全处在承载器部分的时间量。称量时间可以由承载器长度减去包装长度然后除以皮带速度来计算。当输送机的整体作为承载器时，称量时间可以由称重输送机长度减去包装长度然后除以皮带速度来计算。根据主机和称重指示器的不同，称量时间范围为 60ms～350ms。

承载器　load receptor

衡器用来承受载荷的部件。

称重传感器　load cell

考虑了使用地重力加速度与空气浮力影响后，通过把主要测量值（质量）转换成另一个测量值（输出）信号，来测量质量的力传感器。

称重输送机　weighing conveyor

包含检重秤承载器部分在内的输送机。

称重指示器　indicator

对称重传感器的输出信号，可以进行模拟量到数字量的转换，并进一步处理这些数据，同时以质量为单位显示称量结果的衡器电子装置。以前被称为称重显示控制器。

重复性　repeatability

在相同测量条件下，对同一被测量进行连续多次测量所得结果之间的一致性。

重新置零　re-zero

当组件老化或称量段上产品堆积时，重新置零是指手动或自动补偿零点。重新置零后，零点重量值被储存并作为参考零点。重新置零要求称重输送机瞬间空载，通常每台检重秤在某些时刻必须重新置零。

时序输送机　timing conveyor

如果客户不能保证一致的间距，或者如果产品间隔很远且运行非常快，则使用时序输送机来减慢产品的速度。减慢产品的速度会使产品相互靠近，当再通过快速输送机时，产品的速度加快，产品间距拉开并保持正确的间距以便称重（见图 19-3）。

动态称重衡器　instrument that weighs dynamically

在测定重量期间，载荷输送系统处于运行状态下以指定时间进行称量的衡器（即载荷输送系统处于运行状态或对于车载式和车辆组合入式衡器的承载器正处于运行状态）。

分区指示灯　zone indicator lights

分区指示灯显示每个产品的分类，参见表 19-1 的颜色显示例。

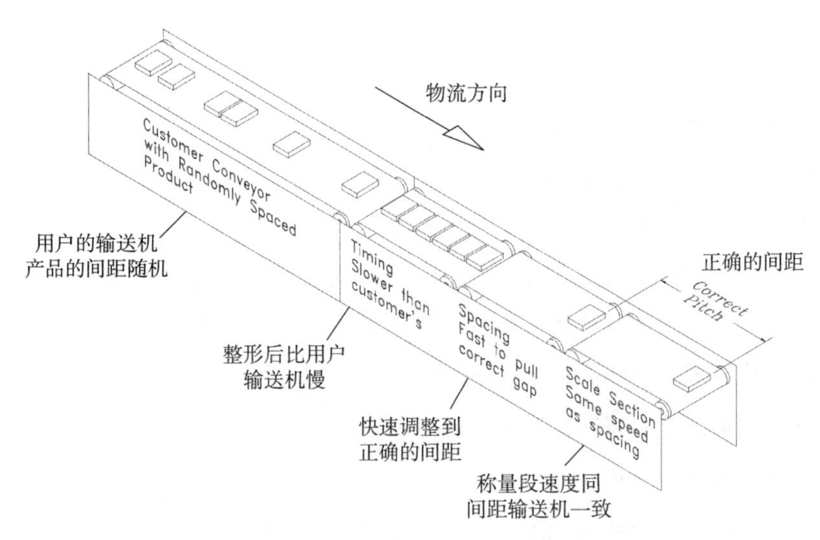

图 19-3 进料时序输送机和间距输送机

表 19-1 显示灯颜色及产品分类状态示例

颜色	3 分区控制器	5 分区控制器
红	1 区——欠重	1 区——欠重
蓝	未使用	2 区——稍欠重（通常可接受）
白	2 区——可接受	3 区——可接受
琥珀	未使用	4 区——稍重（通常可接受）
绿	3 区——超重	5 区——超重

分瓶螺杆 timing screw

用各种螺旋片绕轴旋转，其方向平行于包装的输送方向；其目的是在松开包装时使包装有稳定的间距，圆柱形瓶、罐装产品使用分瓶螺杆容易做到间距稳定。

为达到这个目的，分瓶螺杆通常是用塑料杆切成类似于螺杆上螺纹的长槽，凹槽应能容纳下瓶、罐装产品的一部分，而瓶、罐装产品的另一部分在槽外。不是等螺距螺旋，其螺距逐渐加大，用于高度直径比大的立式圆柱体产品的间距扩展，分瓶螺杆使用宽的无声链输送产品（见图 19-4）。

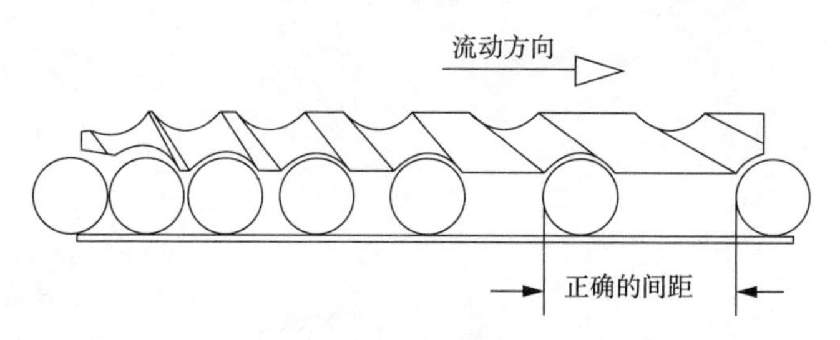

图 19-4 分瓶螺杆

光电开关 photoeye

光电开关通常安装在生产线产品输送通道的两侧，当产品通过生产线时，光束中断，光电开关触发称重周期，其目的是确保正确的时间点进行重量测量。当产品在称重输送机上是唯一的目标时，它向控制器发出测量和显示产品重量的指令。也称衡重光栅（weigh light barrier）。

国际法制计量组织 organization internationale de metrologie legale (法语)，OIML

OIML 成立于 1955 年，是一个政府间条约组织，其成员包括积极参与技术活动的成员国和作为观察员加入 OIML 的国家，目的是促进法制计量程序的全球统一。OIML 已经开发了一种世界范围的技术结构，为其成员提供了详细的国家和区域需求的计量准则，以供法制计量应用程序的制造和使用。

间距输送机 spacing conveyor

用于加快产品运行并为产品产生适当间距的给料输送机。间距输送机通常使用皮带或链条传输，运行速度比客户的输入段快，从而增加产品的间距。如果生产线正确有效，客户的设计必须提交间距稳定和皮带速度稳定的产品，否则将导致间距错误（见图 19-5）。

间歇动态检重秤 intermittent motion checkweigher

这种类型的检重秤让输送到检重秤的每个产品在称量段上完全静止，产品称重后才继续前行。因此，检重秤是测量静态重量而不是动态重量。

检重秤 checkweigher

将不同质量的预包装分立载荷（物品）按其质量与标称设定点的差值细分为两类或更多类的一种质量分类自动秤。检重秤又称为重量检验秤、分选秤、重量选别秤、检验秤、分检秤。

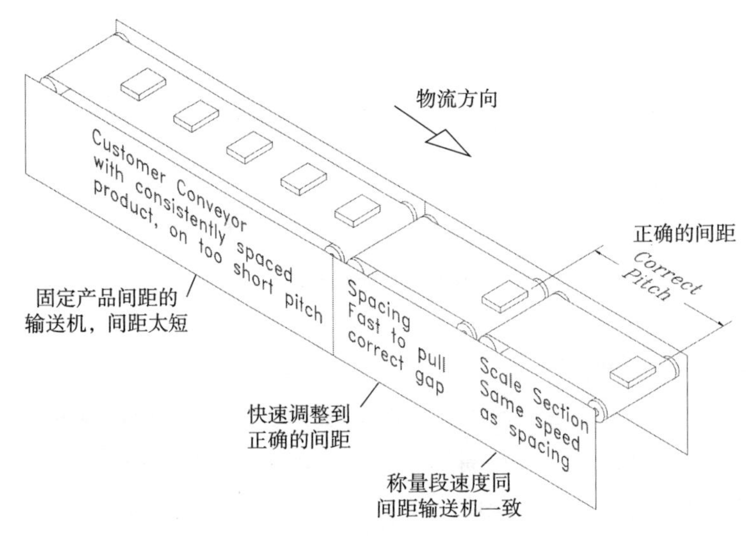

图 19-5　间距输送机

检重秤黄金法则　golden rule of checkweigher

产品在运动的检重秤设备上通过时，与包装通过量相关的三个主要参数是：皮带速度、每分钟通过的包装数（PPM）和包装间距。构成检重秤黄金法则三个主要参数相互间的关系式为：

皮带速度＝PPM×间距

净重值　net value

皮重装置运行后，衡器上载荷的重量示值。

可编程序逻辑控制器　programmable logic controller，PLC

是由几个独立或非独立系统组成的有操作和编程功能的中央控制系统，PLC由用户界面、中央处理器、连接到辅助系统的控制器和电气控制接口组成。

良好生产规范　good manufacturing practices，GMP

良好生产规范是为了使食品、药品和活性药物产品控制授权和许可生产、销售的代理机构符合推荐的指南所需的实践。

这些指南提供医药或食品制造商必须满足的最低要求，如具备良好的生产设备、合理的生产过程、完善的质量管理和严格的监测系统，以保证客户得到的产品都是高质量的、对消费者或公众不构成任何风险的。GMP是生产过程质量保证体系中的一种。

连续运动检重秤 continuous motion checkweigher

一种当产品通过皮带（链条）输送机上的承载器时对产品称重，产品不在秤上停留的检重秤。

毛重值 gross value

皮重装置或预置皮重装置不运行时，衡器上载荷的重量示值。

每分钟包装数 packages per minute，PPM

即瞬时生产线速度（instantaneous line rate）或生产线速度（line rate）。PPM 是在生产线上可以观察到的包装通过量，PPM 可以在给定的时间内测量以便得到平均通过量，通常以“件/分”为单位。当设计包装输送系统时，整条生产线 PPM 必须是常数，否则将会出现严重的堵塞。

目标重量 target weight

所需的生产产品的重量。目标重量有时可以用来描述产品的名义重量或标签重量。在正常情况下，设置目标重量略高于标签重量，以确保总产出的平均重量不低于标签重量，这样可以确保符合包装的规定。

皮带（链条）速度 belt（chain） speed

皮带或链条的线性速度通常以米每分（m/min）为单位进行测量，通过使用增量脉冲编码器（转速表）可以进行最准确的测量。

平均误差 mean error

衡器称量的示值平均值与（约定的）质量真值之差。

皮重值 tare weight value

除去样本单位的内容物后，所有包装容器、包装材料和任何预告商品包装在一起的其他材料的重量。

生产线效率 production line efficiency

此值是生产线运行时间中实际称重时间所占百分比，通常以一段时间作为生产线运行时间，如 1h 或 1d 为单位计算百分比。

输送系统 transport system

输送系统是包括装有检重秤的输送机以及生产线上的所有输送机。

剔除装置 rejector

由控制系统接收信号后，从生产线物流中剔除产品的设备。剔除装置通常由电磁阀、气缸和辅助机械部件组成。

投资回报　return on investment，ROI

投资获得或者损失（无论实现或未实现）相对于投入的资金数额的比值。

危害分析和关键控制点　hazard analysis and critical control points，HACCP

HACCP 体系是一种科学、合理、针对食品生产加工过程控制的预防性体系。这种体系的建立和应用可以保证食品安全危险性得到有效控制，以防止发生危害公众健康的问题。在食品的生产过程中，控制潜在危险性的先期觉察决定了 HACCP 的重要性。通过对主要的食品危险性，如微生物、化学和物理污染的控制，食品工业可以更好地向消费者提供消费方面的安全保证，降低了食品生产过程中的危险性，从而提高人民的健康水平。HACCP 设计采用的措施用来减少其安全风险水平，因此被视为防止危险性的一种手段，而不是成品检验过程的一部分。

误差　error

衡器称量的示值与（约定的）质量真值之差。

溢装　giveaway

产品重量超过标签重量部分的数量，可以根据包装的平均值或一组包装的总重来确定。

允许短缺量　tolerable inadequate

单位定量包装商品的标注净含量与其实际含量之差的最大允许量值（或者数量）。

与目标的偏差　deviation from target

实际重量与目标重量的正负差值，在检重秤的显示面板上可以看到实际重量与目标重量的偏差值。

准确度　accuracy

被测量的测得值与其真值间的一致程度。

正态分布　normal distribution

正态分布是概率分布频率，遵循钟形曲线，中心为整体数据的平均值。宽度是由数据的标准偏差确定的。

重量分区　weight zone

两个连续分区限位值之间的重量范围。

重量信号 weight signal

由称重传感器输出的模拟或数字信号，模拟信号的输出电压与产品施加到检重秤的重量信号成正比。

总重值 total weight value

指样本单位的皮重和净含量的重量之和。

附录二　部分检重秤生产厂家信息

公司名称	中文简称	总部所在国	网站地址	中国分公司或办事处所在地	使用的传感器类型	可配套提供的组合设备类型
All-Fill	阿菲尔	美国	www. all-fill. com		电阻应变式	金属探测器
Anritsu Infivis	安立	日本	www. anritsu. com	上海分公司、青岛办事处、广州联络处	电阻应变式 电磁力恢复式	金属探测器 X射线检测装置
Avery Weigh Tronix	艾弗里	英国	www. averyweigh-tronix. com	苏州	电阻应变式	
Bizerba	碧彩	德国	www. bizerba. com	碧彩（上海）公司	电阻应变式	金属探测器 X射线检测装置
Cardinal Scale	卡迪纳称量设备	美国	www. cardinalscale. com		电阻应变式	
Cassel Messtechnik	卡塞尔	德国	cassel-inspection. com	北京、上海、西安有办事处		金属探测器 X射线检测装置
Dahang Intelligent Equipment	珠海大航智能装备	中国	www. da-hang. com		电阻应变式	金属探测器
Genral measure technology	深圳杰曼	中国	www. szgmt. com. cn		电阻应变式	

（续）

公司名称	中文名称	总部所在国	网站地址	中国分公司或办事处所在地	使用的传感器类型	可配套提供的组合设备类型
Ishida	石田	日本	www. ishida-sh. com	上海总部及青岛、广州、北京、徐州、成都办事处	电阻应变式 电磁力恢复式	金属探测器 X射线检测装置
IME	艾威	日本	http：//www. ime. co. jp/cn	中国地区总代理：上海花涯贸易有限公司	电阻应变式 电磁力恢复式	
Loma Systems	洛玛	英国	www. loma. com	上海	电阻应变式	金属探测器 X射线检测装置
Mettler Toledo	梅特勒-托利多	瑞士	www. mt. com	上海、常州、成都	电阻应变式	金属探测器 X射线检测装置
Minebea Intec (Sartorius)	茵泰科（原名赛多利斯）	德国	www. minebea-intec. com. cn/	北京、上海、广州、成都、西安、沈阳	电磁力恢复式	金属探测器 X射线检测装置
Precia Molen	佩萨莫伦	法国	www. preciamolen. com		电阻应变式	
Rice Lake	赖斯莱克	美国	www. ricelake. com		电阻应变式	
Thermo Fisher Scientifics	赛默飞世尔科技	美国	www. thermofisher. com	上海总部，北京、沈阳、西安、广州、香港、武汉、南京、成都分公司	电阻应变式	金属探测器 X射线检测装置
Thompson	汤普逊	美国	www. thompsonscale. com		电阻应变式	
Varpe contral peso	瓦佩康特比索	西班牙	www. varpe. com			金属探测器 X射线检测装置

（续）

公司名称	中文名称	总部所在国	网站地址	中国分公司或办事处所在地	使用的传感器类型	可配套提供的组合设备类型
WIPOTEC-OCS	威波特克-欧西氏	德国	www.wipotec-ocs.com www.ocs-cw.com		电磁力恢复式	金属探测器 X射线检测装置
Yamato	大和	日本	www.yamatosh.com	上海合资公司	称重传感器	金属探测器

注：表中的信息是动态变化的，此信息仅供读者参考。

参考文献

[1] Anritsu. Infivis Inc. Checkweighers for Grading [EB/OL]. www. anritsu. com/en-US/infivis/products/checkweighers/grading.

[2] 胡阶明．检重秤用哪种传感器更好？[J]. 现代包装，2009 (4)：24-25.

[3] 陈日兴．从我国自动衡器技术进程看我国电子衡器的发展方向 [C]. 称重科技暨全国称重技术研讨会．北京：中国衡器协会，2009：1-8.

[4] QY Research Group. Global Automatic Checkweigher Market Research Report 2017 [EB/OL]. https：//www. qyresearchreports. com/report/global-automatic-checkweigher-market-research-report-2017. htm. 2017. 2017. 07.

[5] 刘九卿．应变式称重传感器技术发展概况 [EB/OL]. www. weighment. com. 2009. 05.

[6] 尹福炎．电阻应变式测力与称重传感器技术的回顾——纪念电阻应变式测力与称重传感器诞生 70 周年 [C]. 称重科技——第九届称重技术研讨会论文集．2010.

[7] 陈日新．数字化称重传感器的智能化功能演变与发展综述 [C]. 称重科技暨全国称重技术研讨会．北京：中国衡器协会，2007：47-52.

[8] 曼弗雷德．柯希克．称重手册 [M]. 邹炳易，施昌彦，译．北京：中国计量出版社，1992.

[9] Mettler-Toledo Garvens GmbH. Dynamic weighing cell technology，White Paper [EB/OL]. www. mt. com/garvens. 2012.

[10] WIPOTEC-OCS. weighing technology Product Catalogy [EB/OL]. www. wipotec. com. 2017. 01.

[11] 梅特勒-托利多公司．自动检重秤的电磁力补偿原理 [J]. 包装，2001 (8)：38.

[12] WIPOTEC-OCS. CATCHWEIGHERS AND DWS SYSTEMS FOR MINIMUM PRODUCT GAPS AND MAXIMUM BELT SPEEDS [EB/OL].

www. wipotec-ocs. com. 2017. 10.

[13] Anritsu. SSV series Checkweigher, Product Brochure [EB/OL]. www. anritsu. com/en-US/infivis/products/checkweighers. 2015. 10.

[14] Minebea-intec. WS 30/60 kg B/BL weighing systems [EB/OL]. www. assets. minebea-intec. com. cn/fileadmin/fm-fal/intec _ media/Industrial _ Weighing/Documents/Checkweighers/Premium _ Checkweigher _ EWK _ 3000/DS-EWK-WS30－60 _ en. pdf. 2016. 05.

[15] Minebea-intec. WM Weighing Systems 6 | 35 | 60 | 120kg [EB/OL]. www. assets. minebea-intec. com. cn/fileadmin/fm-fal/intec _ media/Industrial _ Weighing/Documents/Checkweighers/Checkweigher _ WM/DS-WM _ 6 _ 35 _ 60 _ 120-e. pdf. 2016. 05.

[16] Mettler-Toledo. 新型C系列检重秤——扩展性及灵活性俱佳 [EB/OL]. www. mt. com/cn/zh/home/supportive _ content/news/po/pi/C-Series-Checkweighers. html. 2017. 05. 04.

[17] Anritsu. SSV series Checkweigher, Product Brochure [EB/OL]. https://dl. cdn-anritsu. com/anritsu-infivis/en-us/CheckweigherPDFs/SSV _ Series _ Checkweigher _ Catalog. pdf. 2016. 08.

[18] Ishida. Knowledge Precision Performance [EB/OL]. www. ishida. com/ww/en/products/weighing/2009. 04.

[19] HBM. 食品工业的数字称重技术 [EB/OL]. https://www. hbm. com/cn/6220/article-digital-weighing-technology-for-the-food-industry/. 2018.

[20] Cardinal. CIM100/200SERIES [EB/OL]. www. cardinalscale. com/wp-content/uploads/2017/03/CIM _ Continuous _ In-Motion _ Checkweigher _ Bulletin. pdf. pdf. 2017. 03.

[21] Thermo. The basics of checkweighing Martin Lymn [EB/OL]. www. thermo. com. 2006. 03. 02.

[22] WIPOTEC-OCS. Weighing in systems [EB/OL]. www. wipotec-ocs. com/en. 2008. 12. 11.

[23] Thompson. Weigh Station Configurations [EB/OL]. www. thompsonscale. com/weigh-station-configurations/#conf3. 2017.

[24] Thermo Ramsey. AC-4000i Checkweigher Control [EB/OL]. www. thermofisher. com/us/en/home. html. 2002. 01.

[25] 胡阶明. 高速检重秤发展方向 [J]. 包装博览 2008 (7, 8).

[26] Rick Cash. An Engineered Checkweigher Solution Can Meet Evolving Production Requirements [EB/OL]. pmmi. files. cms-plus. com/PELV/2015/10am Thermo FisherScientific. pdf. 2015. 10.

[27] Thermo. AC9000 Plus 检重称控制软件 V2. X，Rec 4222 Rev B Part No. 08260 [EB/OL]. www. thermo. com. 2003. 10.

[28] Anritsu. CAPSULE CHECKWEIGHERS [EB/OL]. gwdata. cdn-anritsu. com/anritsu-infivis/en-us/CheckweigherPDFs/Capsule _ Checkweigher. pdf 2010. 10.

[29] Anritsu. CAPSULE CHECKWEIGHERS [EB/OL]. https：//dl. cdn-anritsu. com/anritsu-infivisen-us/CheckweigherPDFs/Capsule _ Checkweigher. pdf. 2016. 04.

[30] All Fill. CPT Capsule Checkweigher [EB/OL]. www. all-fill. com/checkweigher-machines/. 2017.

[31] Anritsu. Built-In Multi-Lane Weighing Systems [EB/OL]. www. detection-perfection. com. 2014. 04.

[32] 深圳市奕度自动化设备公司．自动称重机 YDS522 [EB/OL]. www. szyido. com/view-63-1. html. 2017. 10. 25.

[33] Collischan. New CheckWeighers Generation Model series 440 [EB/OL]. www. leadmin/user _ upload/Downloads/Prospekt _ Collischan _ Kontrollwaage _ 440 _ d. pdf. 2017.

[34] WIPOTEC-OCS. HC-IS Tare Gross Check Weighing [EB/OL]. www. wipotec-ocs. com/en/solutions/. 2017.

[35] Collischan. Checkweigher TC 8000 Series [EB/OL]. www. collischan. de/en/products/checkweigher/tc8210-tara-brutto. 2017.

[36] Thompson. Multi-Lane Checkweighers [EB/OL]. www. thompsonscale. com/multi-lane-checkweighers/. 2017.

[37] WIPOTEC-OCS. CATCHWEIGHERS [EB/OL]. www. wipotec-ocs. com/en/solutions/. 2017. 09. 11.

[38] 中山新永一测控设备有限公司．中山新永一参加第十七届越南国际水产品及加工机械展览会圆满结束 [EB/OL]. www. yicheck. com/. 2016. 08. 08.

[39] Hi-Speed. Principles of Checkweighing A Guide to the Application and Selection of Checkweighers 第三版 [EB/OL]. www. doc88. com/p-9049712126798. html.

[40] Thermofisher. Versa 8120 链式检重秤 [EB/OL]. www. thermofisher. com/order/catalog/product/70. 181? SID=srch-srp-70. 181. 2017.

[41] Mettler-Toledo. 自动检重称经销商培训（PPT）[EB/OL]. www. doc88. com/p-3793900638625. html. 2013. 05. 21.

[42] Anritsu. SSV Series Checkweigher [EB/OL]. gwdata. cdn-anritsu. com/anritsu-infivis/en-us/CheckweigherPDFs/SSV _ Series _ Checkweigher. pdf. 2017. 01.

[43] Foreview. Case Weigher Machine [EB/OL]. www. foreviewengg. com/case-weigher-machine. html.

[44] Mettler-Toledo. 提高过程安全性制药行业自动称重 [EB/OL]. www. mt. com/cw pharma. 2016. 08.

[45] SIEMENS. Product Application Guidelines Checkweighers [EB/OL]. www. siemens. com/mcms/sensor-systems/SiteCollectionDocuments/wt/application _ guides/AG081716 _ checkweighers _ EN. pdf. 2016. 08. 17.

[46] Mettler-Toledo. The Checkweighing Guide [EB/OL]. www. mt. com/cn/zh/home/library/know-how/product-inspection/PI-Guides. html # ptabs _ tab _ custom2 _ li. 2016. 06.

[47] A&D Inspection. AD-4961 SERIES CHECKWEIGHER [EB/OL]. www. aandd. jp/products/inspection _ systems/pdf/ad4961. pdf. 2016. 10.

[48] Anritsu. Rejector Systems [EB/OL]. www. anritsu. com/en-GB/infivis/products/rejector. 2017.

[49] All-Fill It's All in the Reject Device [EB/OL]. www. all-fill. com/news-blog/its-all-in-the-reject-device/. 2016. 03. 15.

[50] Anritsu. Rejector Systems [EB/OL]. www. anritsu. com/en-US/infivis/products/rejector. 2017.

[51] Thermofisher. Ramsey Checkweigher Systems [EB/OL]. www. thermo. com. 2006. 08.

[52] A&D Inspection. Gravity Roller Carton Checking System [EB/OL]. www. andweighing. com. au. 2016.

[53] Thompson. Model 5511&6611 Scale Controller User's Manual [EB/OL]. www. thompsonscale. com/wp-content/uploads/2016/03/5511-6611-Users-Manual-Version-2. 66. pdf. 2016. 01. P38.

[54] WIPOTEC-OCS. CATCHWEIGHERS [EB/OL]. www. wipotec-ocs. com/

en/solutions/. 2017. 09. 11.

[55] Thermofisher, Kevin Zarnick. Integrating Code Printing & Verification with Checkweighing for Track & Trace Applications. www. thermo. com. 2014.

[56] 杭州万准衡器有限公司. 万准自动检重秤安装使用实例 [EB/OL]. www. wzscales. com/news. asp? id=299. 2017.

[57] Bosch. Bosch Packaging Technology [EB/OL]. www. boschpackaging. com/en/pa/products/industries/pd/product-detail/kkx-3900-16832. php? ind=1675&mt=16131. 2017.

[58] HARDY. High Speed Checkweighing [EB/OL]. www. hardysolutions. com. 2017.

[59] Anritsu. Checkweigher and weighing accuracy Technical Note [EB/OL]. https://dl. cdn-anritsu. com/anritsu-infivis/en-us/CheckweigherPDFs/Technical _ Notes/Checkweigher _ Weighing _ Accuracy _ Technical _ Note. pdf. 2012. 09.

[60] BOEKELS. Guide to Checkweighers [EB/OL]. www-iaiusa. Com. 2017.

[61] 苏州瀚隆医药科技有限公司. CMC-400 全自动胶囊粒重检测机 [EB/OL]. www. halo. cc/a/chanpinzhongxin/cmcjiaonan/2016/1110/204. html. 2017.

[62] 深圳市杰曼科技股份有限公司. 重量检测机 C401A-60K [EB/OL]. www. szgmt. Com/upfile/manual/401A60K. pdf. 2017.

[63] Mettler-Toledo. 自动检重称经销商培训(PPT) [EB/OL]. http://www. doc88. com/p-3793900638625. html. 2013. 05. 21.

[64] Anritsu. Checkweigher for Special Markets KW6203E type [EB/OL]. https://www. anritsu. com/en-US/infivis/products/checkweighers/multi-lane-inspection. 2016.

[65] Anritsu. Glossary [EB/OL]. www. anritsu. com/en-GB/infivis/knowledge-center/glossary/checkweighers. 2017.

[66] Vbssys. Importance of Using and Infeed and Outfeed Conveyor [EB/OL]. http://vbssys. com/wp-content/uploads/2014/12/Checkweigher-Infeed-Conveyor-Diagram. pdf. 2014. 12.

[67] 赛多利斯. 赛多利斯自动检重秤选型手册 [EB/OL]. www. docin. com/p-209318293. Html. 2011. 05. 21.

[68] Thermo Scientific. 赛默飞化学分析制药解决方案及应用案例分享 [EB/OL]. https://www. docin. com/p-2085308493. html. 2018. 02. 28.

[69] Mettler-Toledo. Acino strives for the best quality——Every package is checked for completeness [EB/OL]. www. mt. com/garvens. 2012. 09.

[70] AP dataweigh. Too much in the bag-potatoes. [EB/OL]. http://www. apdataweigh. Com/too-much-in-the-bag-potatoes/. 2013. 08. 06.

[71] Mettler-Toledo. remium baked goods from M-Back [EB/OL]. www. mt. com/cn/zh/home. html. 2014. 5.

[72] 杨培敏，王禹，窦岩，张本朋．自动检重秤在石化定量包装生产线中的应用 [J]. 中国计量，2005 (5)：49.

[73] 深圳市杰曼科技股份有限公司．检重秤如何在干货行业大展拳脚 [EB/OL]. www. szgmt. com/index. php? ac=article&at=list&tid=110. 2015. 4. 3.

[74] 珠海市大航公司．技术指南：如何维护流水线自动称重机设备 [EB/OL]. www. da-hang. com/view/jszn/302. html. 2015. 9. 12.

[75] 深圳市杰曼科技股份有限公司．检重秤用于 PCB 板检测 [EB/OL]. www. szgmt. com/index. php? ac=article&at. 2015-03-11.

[76] 珠海大航公司．DHCW 检重秤在汽车零配件的重量检测和分选 [EB/OL]. www. da-hang. com/view/hyxw/135. html. 2015. 10. 21.

[77] K. E. 诺登．工业过程用电子秤 [M]. 陆伯勤，等，译．北京：冶金工业出版社，1991.

[78] Thermo Scientific. 在线动态秤奶酪称重 [EB/OL]. https://max. book118. com/html/2017/0723/123781395. shtm. 2017. 08. 05.

[79] AP dataweigh. Silver & Precious Profits [EB/OL]. http://www. apdataweigh. com/silver-precious-profits/. 2013. 08. 06.

[80] Vbssys. One pork belly sorter does the work of four people [EB/OL]. http://vbssys. com/wp-content/uploads/2015/04/case-study _ belly-sorter _ 041615. pdf. 2015. 04.

[81] 珠海市大航公司．大航自动检重秤对鸡翅自动分级分选 [EB/OL]. http://blog. fang. com/53813024/17908046/articledetail. htm. 2015. 07. 18.

[82] 珠海市大航公司．珠海大航入驻海珍龙头“獐子岛”集团 [EB/OL]. www. da-hang. Com/view/hxsc/129. html. 2015. 10. 21.

[83] 深圳市杰曼科技股份有限公司．螃蟹的称重多级分选 [EB/OL]. www. szgmt. com/index. php? ac=article&at. 2015. 02. 06.

[84] Nemesis. New HSC350 Touchscreen [EB/OL]. www. checkweighers. eu/cata-

logue-of-checkweighers/. 2017. 09.

[85] Anritsu. KW9001AP/KW9002AP CAPSULE CHECKWEIGHERS [EB/OL]. www. Anritsu industry. com/E. 2010. 10.

[86] Per-Fil. How Checkweighers and Metal Detectors can be used with Dry Product Filling Equipment [EB/OL]. www. per-fil. com. 2017.

[87] 深圳市美新特机电设备有限公司．整箱王老吉饮料缺瓶检重现场 [EB/OL]. www. macinte. com/p/221. html. 2017.

[88] Thermo Fisher Scientific. Checkweigher Multihead Filler Monitor Feature [EB/OL]. https：//www. revbase. com/aspx/UserJump. aspx#. 2017. 06. 23.

[89] Yamato. Checkweigher [EB/OL]. www. yamatoamericas. com/2016. 02.

[90] Mettler-Toledo. Optimally Adjusting Filling Processes [EB/OL]. www. mt. com/dam/product _ organizations/pi/whitepapers/Optimally-Adjusting-Filling-Processes/CW-Filling-Processes-EN. pdf. 2016. 09.

[91] Rick Cash. Drive out Variability Drive up ROI with Checkweighers [EB/OL]. https：//www. thermofisher. com/document-connect/document-connect. html? url=https：//assets. thermofisher. com/TFS-Assets/CAD/Reference-Materials/Drive _ Out _ Variability _ Checkweighers. pdf&title=RHJpdmUgb3V0IFZhcmlhYmlsaXR5IERyaXZlIHVwIFJPSSB3aXRoIENoZWNrd2VpZ2hlcnM=. 2014.

[92] Mettler-Toledo. Checkweigher Software Compendium [EB/OL]. www. mt. com/cn/zh/home/library/applications/product-inspection. html? smart RedirectEvent=true. 2012. 01.

[93] Mettler-Toledo Hi-Speed. Bagel Manufacturer Saves a Lot of Dough [EB/OL]. https：//www. mt. com/dam/product_organizations/pi/Case-Studies/CW/Generic-Bagel/BAKERY _ CASE%20STUDY-lr. pdf. 2014. 05.

[94] 张晓东，赵庆山．自动检重秤为企业降低成本 [J]. 衡器，2008 (4)：19-23.

[95] Vbssys. See how we saved a customer $169，539 annually! [EB/OL]. http：//vbssys. com/checkweigher-case-study/. 2017.

[96] Mettler-Toledo. Three Technologies for the Perfect Pizza Ensure Orkla Foods' Product Safety [EB/OL]. www. mt. com/garvens. 2015. 01.

[97] Mettler-Toledo．金属检测指南 [EB/OL]. www. mt. com/dam/product _ or-

ganizations/pi/Guides/MD/Metal-Detection-Guide-ZH. pdf. 2016. 10. 20.

[98] Thermofisher. Thermo Scientific NextGuard X-Ray Detection System [EB/OL]. www. thermofisher. com/search/browse/category/cn/zh/602489/Manufacturing +% 26 + Processing + Instruments +% 26 + Equipment%2FCheckweighing% 2C + Metal + Detection +% 26 + X-Ray + Systems. 2014. 03. 05.

[99] Mettler-Toledo. Breadth of Experience，Depth of Capability Complete Product Inspection Solutions [EB/OL]. www. mt. com/pi. 2013. 06.

[100] Sartorius. The new equation for combined process reliability [EB/OL]. www. sartorius-mechatronics. com/. 2017.

[101] RiceLake. WLAN Installation Instructions [EB/OL]. www. ricelake. com/en-us/search-results? s=WLAN%20Installation%20Instructions 2013. 02.

[102] Mettler-Toledo. Enhanced Production Line Performance ProdX Data Management Software [EB/OL]. www. mt. com/dam/product _ organizations/pi/prodx/ProdX-Brochure-EN. pdf. 2017. 02.

[103] Anritsu. Mobile Monitor for Checkweighers [EB/OL]. gwdata. cdn-anritsu. com/anritsu-infivis en-us/CheckweigherPDFs/Mobile _ monitor _ for _ checkweigehrs. pdf 2017. 03. 01.

[104] 中国产业调研网．全球及中国检重机行业现状调研分析及市场前景预测报告（2017 版）[EB/OL]. wenku. baidu. com/view/1fec350bb80d6c85ec3a87c24028915f814d846. html. 2017. 07. 07.

[105] 上海石田．重量检测机概述 [EB/OL]. www. ishida-sh. com/cn/products/products _ list2. php? article=3. 2017.